AF245254

ASSOCIATION
DES PROPRIÉTAIRES D'APPAREILS A VAPEUR
du Nord de la France.

SUR

LES RÉCHAUFFEURS

Par M. E. CORNUT,

Ingénieur en Chef
des Propriétaires d'Appareils à vapeur
du Nord de la France.

LILLE,
IMPRIMERIE L. DANEL.
1888.

ASSOCIATION
DES PROPRIÉTAIRES D'APPAREILS A VAPEUR
DU NORD DE LA FRANCE.

ÉTUDE

SUR

LES RÉCHAUFFEURS

Par M. E. CORNUT,
Ingénieur en Chef
des Propriétaires d'Appareils à vapeur
du Nord de la France.

Il est aujourd'hui parfaitement reconnu et admis :

1° Qu'une chaudière à bouilleurs ordinaires, installée dans de bonnes conditions et munie de réchauffeurs d'une surface de chauffe convenable, produit, par kilogramme de houille, une vaporisation sensiblement égale à celle des autres chaudières, quel que soit leur type, toutes les autres conditions de la production de vapeur, houille, chauffeur, etc., restant les mêmes.

2° Que ces générateurs sont les plus économiques, parce qu'ils coûtent moins cher comme prix d'achat, sont d'une construction plus simple, s'entretiennent plus facilement, présentent à l'usage moins de réparations et sont facilement visitables extérieurement et intérieurement.

3° Que les générateurs ordinaires à bouilleurs inférieurs et à réchauffeurs sont de beaucoup les plus élastiques de tous les générateurs, c'est-à-dire que si on augmente considérablement la consommation de houille par heure et mètre carré de surface de chauffe, le rendement économique de la chaudière ou la quantité d'eau vaporisée par kilogr. de houille, ne baisse que dans une faible proportion.

Cause principale de l'économie des réchauffeurs. — Entre une chaudière ordinaire à bouilleurs inférieurs avec ou sans réchauffeurs, la différence de rendement peut varier de 15 à 25 %.

Il est facile de se rendre compte des causes de ce fait :

Expériences de M. Graham. — M. Graham a démontré dans ses premiers essais, que si l'on chauffe 4 bassines en tôle, accolées les unes aux autres, l'évaporation du premier vase, qui représente l'action directe du feu était de 67.6 %.

L'évaporation du second compartiment qui, d'après l'auteur, était dû à l'effet calorifique de la flamme, s'élevait à 18.2 %.

Et enfin, pour les 3ᵉ et 4ᵉ vases dont la production de vapeur est le résultat des gaz chauds seulement, elle ne se trouvait plus que de 8,8 % pour le 3ᵉ et 5,4 % pour le 4ᵉ.

M. Graham conclut donc que les surfaces des carneaux servent beaucoup plus à élever la température de l'eau jusqu'à l'ébullition qu'à l'évaporer.

Expériences de M. Burnat. — M. Burnat, un des grands industriels de l'Alsace, a déduit, de ses longues études sur les chaudières, la conclusion suivante :

— 3 —

Lorsque dans les chaudières, les gaz produits par la combustion se sont abaissés à la température de 350° environ et qu'ils se trouvent en présence des parois d'un générateur contenant à l'intérieur de l'eau à 158°, soit environ 5 atmosphères de pression, l'échange de température entre les gaz et le liquide est très faible.

Si l'on veut enlever aux gaz la chaleur énorme qu'ils contiennent encore, il faut les mettre en contact avec des parois de plus en plus froides.

A priori, on pourrait s'étonner de ce fait en pensant qu'une différence de 150 à 200° est énorme et que le corps servant à la transmission de la chaleur est métallique ; en examinant la question de plus près, on remarque de suite que le métal n'est pas la seule couche solide que la chaleur doit traverser, qu'extérieurement la tôle est toujours plus ou moins recouverte de suie et intérieurement d'une couche plus ou moins forte d'incrustation, corps qui ne sont pas précisément bons conducteurs de la chaleur.

Voici des expériences qui démontreront l'opinion de M. Burnat ;

Économie due aux carneaux des chaudières. — M. Burnat a essayé, en 1859, une chaudière tubulaire à foyers intérieurs, construite par Th. Hill à Manchester, qui est représentée (fig. 1 et 2. Pl. 1).

La surface de chauffe de ce générateur se décomposait ainsi :

Surface de chauffe des foyers intérieurs et des tubes....   42^{m2}28
Surface de chauffe du corps cylindrique extérieur en
    contact avec les carneaux de retour..............   29^{m2}60

Les essais furent entrepris de deux manières : en faisant circuler les gaz, à leur sortie des tubes, autour du corps cylindrique, ou, au contraire, en les lançant directement à la cheminée au sortir des tubes.

Voici les rendements obtenus avec la même houille de Sarrebruck, menu maigre.

	Température moyenne des gaz chauds au registre.	Eau évaporée par kilog. de houille à 10 °/₀ de scories.
PREMIER ESSAI.		
La fumée passe directement des tubes à la cheminée....................	427°	51.84
DEUXIÈME ESSAI.		
La fumée passe des tubes dans les carneaux autour du corps cylindrique.	298°5	61.69

Ainsi une augmentation de 70 °/₀ dans la surface de chauffe du générateur, cette surface étant constituée par un vase en métal contenant de l'eau à la température correspondant à la vapeur, n'a produit qu'une économie de 14,5 °/₀.

Voici, du reste, une expérience que j'ai eu occasion de faire et qui indiquera bien le phénomène.

Expériences de M. E. Cornut. — J'ai installé un premier pyromètre de Desbordes en 1 (fig. 1, pl. II), toute la tige plongeant dans la flamme, sur le devant de la chaudière, dans l'espace que traversent les gaz, lorsqu'après un premier parcours autour de la chaudière, ils vont opérer la seconde circulation avant de se rendre aux bouilleurs réchauffeurs.

Un deuxième pyromètre fut placé en 2 au bout de ce carneau, à l'endroit où la flamme va entrer dans le carneau du réchauffeur supérieur.

Un troisième pyromètre fut installé en 3 à la sortie de ce carneau, c'est-à-dire à l'endroit où les gaz pénètrent dans celui du réchauffeur inférieur.

Tous les pyromètres avaient eu leur graduation vérifiée, et les observations se faisaient simultanément toutes les cinq minutes.

Voici les résultats de 36 expériences faites de 2 h. à 5 h. du soir, le 14 janvier 1873.

TABLEAU DES TEMPÉRATURES MOYENNES.

	MAXIMUM.	MINIMUM.	MOYENNE.
Pyromètre N° 1.........	361°66	334°44	348°05
Pyromètre N° 2.........	337°15	315°60	326°37
Pyromètre N° 3.........	273°71	265°42	269°56

Ainsi donc, 9^{m}5 de longueur de chaudière n'ont fait perdre à la flamme que 21°68, tandis que 10^m de bouilleurs réchauffeurs ont produit un abaissement de température de 56°81, soit plus du double.

Il est donc évident qu'il serait bien préférable de diminuer la longueur de la chaudière et d'augmenter la surface des réchauffeurs, la dépense n'augmenterait pas beaucoup et le rendement s'améliorerait très sensiblement.

Variations de l'effet utile des réchauffeurs. — L'effet utile que l'on peut obtenir des réchauffeurs varie :

1° Avec la température de l'eau d'alimentation.

Plus la température de l'eau d'alimentation sera froide, plus les bouilleurs réchauffeurs seront à basse température, et plus grande sera la différence de température entre les réchauffeurs et les gaz chauds. Les produits de la combustion seront donc plus facilement refroidis et, par suite, la chaleur mieux utilisée.

2° Suivant le rapport établi entre la surface de chauffe du générateur proprement dit et celle des réchauffeurs.

3° Avec la forme des réchauffeurs.

Dans les réchauffeurs, l'eau est emprisonnée dans des tubes et se trouve soustraite à l'agitation que produit la formation des bulles de vapeur ; il ne s'établit donc que très difficilement les doubles courants d'eau froide et d'eau chaude qui peuvent amener, d'une façon régulière, l'eau froide au contact des parties chaudes.

La chaleur contenue dans les gaz ne peut pénétrer à travers la masse d'eau à échauffer que par conductibilité : or, on sait que le pouvoir conducteur des liquides est très peu élevé ; il y aurait donc intérêt, à ce point de vue, à faire les tubes des bouilleurs réchauffeurs d'assez petits diamètres, sous forme de serpentins en fonte, par exemple, ce qui aurait pour avantage :

1° D'obtenir une grande division de la surface de chauffe;

2° De réduire l'épaisseur du liquide à chauffer ;

3° D'augmenter la vitesse avec laquelle l'eau se renouvelle sur les surfaces.

A Wesserling, par exemple, chez M. Marozeau, où les

eaux sont très pures, puisqu'on ne trouve jamais d'incrustation dans les chaudières, les réchauffeurs sont construits en tubes de fonte de 0^m100 de diamètre.

En Angleterre, les économiseurs si répandus de Green, Twibill, etc., sont des serpentins en tuyaux de fonte de 10 centimètres de diamètre.

Dans nos contrées, au contraire, où les eaux sont très incrustantes, cette construction doit être abandonnée, car les dépôts calcaires viennent bien vite obstruer les tuyaux, et on ne peut penser à employer, comme réchauffeur, que des tubes en tôle de 0^m70 à 0^m80 de diamètre, facilement nettoyables et visitables.

Les tubes réchauffeurs de gros diamètre présentent, du reste, sur ceux d'un petit diamètre, un avantage réel. Ils permettent de donner à la flamme et à l'eau une série de parcours parfaitement rationnels, c'est-à-dire, qu'au fur et à mesure que les gaz se refroidissent, ils rencontrent des parties de bouilleurs contenant de l'eau de plus en plus froide.

Cet avantage, vient-il contrebalancer les conditions de meilleure transmission de chaleur qu'offrent les réchauffeurs du système tubulaire, on serait assez porté à l'admettre, d'après les résultats des expériences de M. Grossetète, dont le tableau ci-joint donne le résumé.

NUMÉROS des essais.	ESPÈCE DES RÉCHAUFFEURS.	Air introduit par kilogramme de houille.	Température de l'eau d'alimentation		Eau évaporée par kilog. de houille à 10% de scories.	Influence du réchauffeur dans l'effet total.	Δ
			à l'entrée de la chaudière	à l'entrée des ré-chauffeurs			
1	En tôle de 0^m370 de diamètre........	14^m394	102	$22°$	8.31	12.2	2.1%
15	Tubulaire en fonte.	14 98	115.5	$22°$	8.53	14.3	
3	En tôle......... ..	8 . 92	84	$23°$	8 05	9.7	0.8%
16	Tubulaire en fonte.	9 . 24	97.5	$23°$	8 10	10.5	

On voit que dans deux essais où la quantité d'air introduit par kil. de houille brûlée a seule varié, l'avantage des réchauffeurs tubulaires sur les bouilleurs réchauffeurs, n'a été que de 2,1 % et 0,8 %, différence bien minime.

Avantages des réchauffeurs. — Les réchauffeurs permettent de réaliser une économie sérieuse, pour une double raison :

1° Il y a utilisation d'une certaine partie de la chaleur contenue dans les produits de la combustion qui, sans les réchauffeurs, serait perdue.

2° La température des gaz de la combustion au moment où ils arrivent au registre, étant plus basse, le tirage diminue et, par suite, la quantité d'air qui traverse la grille diminue, ce qui produit une seconde économie, puisque le volume de gaz à chauffer et qui s'en va à la cheminée est moindre.

Ce sont ces deux causes principales qui, réunies, donnent l'économie totale de houille.

L'influence d'un mauvais chauffeur est donc moindre quand il travaille sur des chaudières à réchauffeurs que sur des chaudières sans réchauffeurs.

En effet, les défauts principaux d'un mauvais chauffeur, sont :

1° Chargement mal fait et feux mal tenus. La houille présentera sur la grille des monticules et des trous ;

2° Absence plus ou moins complète de la manœuvre des registres.

Ces deux causes produisent donc une mauvaise combustion et expliquent la présence d'une quantité fabuleuse d'air dans les produits de la combustion.

L'abaissement du tirage, indépendant de la mauvaise volonté ou de l'ignorance du chauffeur, remédiera, dans une assez forte proportion, à ces défauts principaux.

C'est ce qui fait que si l'économie théorique des réchauffeurs n'est que de 10 à 16 $\%$ en pratique, elle peut atteindre de 18 à 25 $\%$.

Régularité de pression. Facilité de mise en marche le matin. — Les réchauffeurs à grands volumes présentent encore un grand avantage.

L'eau d'alimentation arrive dans la chaudière presque à la température de l'ébullition ; il n'y a donc pas, au moment des alimentations en pleine marche, de ces refroidissements brusques qui peuvent amener une diminution sensible dans la pression de la vapeur.

La vaporisation du générateur se trouve ainsi régularisée.

Je ferai remarquer aussi que, le matin, les réchauffeurs contiennent un volume d'eau chaude assez important qui facilite beaucoup la mise en route.

Dans la plupart des installations de notre région , si la chaudière et les deux bouilleurs inférieurs contiennent 16^{m3} d'eau, les 3 bouilleurs réchauffeurs latéraux représentent un volume de 15^{m3}.

Avec l'augmentation de la production de vapeur par heure et par m^2 de surface de chauffe , le rendement d'un générateur à réchauffeurs varie moins que pour un générateur sans réchauffeur.

Les expériences dont je vais indiquer les résultats démontreront ce fait très important au point de vue pratique.

Expériences de M. Burnat. — M. Burnat a essayé, avec la même houille et le même chauffeur, deux générateurs de même surface de chauffe dans les conditions suivantes :

ESSAIS.	Mètres cubes d'air par kilogramme de houille.	Houille par heure et mètre carré de grille.	Eau évaporée à 0° et à 10°/₀ de scories.	
2	9 14	76	8.71	Chaud. à réchauff.
12	9 47	79	7.19	» sans »
3	8.92	44	8.35	Chaud. à réchauff.
13	8.08	46	7.58	» sans »

Si nous examinons ces essais, nous voyons qu'une augmentation de 57 $^o/_o$ dans la consommation de la chaudière à réchauffeurs, loin d'amener une différence nuisible dans le rendement, a produit une amélioration de 4 à 5 $^o/_o$. tandis que, pour la chaudière sans réchauffeurs, une augmentation de 57 $^o/_o$ dans la houille brûlée a diminué le rendement de 5,1 $^o/_o$.

EXPÉRIENCES DE M. E. CORNUT.

1er Essai sur une chaudière ordinaire à bouilleurs inférieurs et à trois réchauffeurs latéraux (ESSAI D). — Le concours des chauffeurs de l'Association du Nord s'est fait, en 1875, sur une chaudière ordinaire à bouilleurs et à trois réchauffeurs.

Deux générateurs absolument semblables servaient aux besoins de l'usine : leurs dimensions principales sont, pour chaque générateur :

$$\text{Surface de chauffe totale} \dots\dots\dots\dots 88^{m2}34$$
$$\frac{\text{Surface de chauffe générateur}}{\text{Surface de chauffe réchauffeurs}} \dots\dots\dots 1.14$$
$$\text{Surface de grille} \dots\dots\dots\dots 2^{m2}28$$
$$\frac{\text{Surface de chauffe totale}}{\text{Surface de grille}} \dots\dots\dots 38.72$$

Avant le concours nous avons fait des essais sur le rendement de ces générateurs marchant ensemble. nous avons obtenu les résultats suivants :

$$\text{Houille brute consommée par heure et } m^2 \text{ de surface de chauffe totale} \dots\dots\dots 0^k.939$$
$$\text{Houille brute consommée par heure et } m^2 \text{ de grille} \dots\dots 37^k.$$
$$\text{Poids d'eau vaporisée par } h^{re} \text{ et } m^2 \text{ de surf. de chauffe sans réchauffeurs} \dots\dots\dots 13^k.882$$

Poids d'eau vaporisée à 0° et à 5^{atm.} par kilog. de
   houille à 10 °/₀ de scories........................ 8^k.027
Nombre de charges par jour et par générateur........ 78
Poids de houille par charge........................ 28^{k.}
Air en excès dans les gaz de la combustion........ ... 38.60°/₀

Le concours a eu lieu au contraire sur un seul générateur fournissant la vapeur à toute l'usine.

Voici les moyennes obtenues par les chauffeurs-lauréats :

Houille brute consommée par heure et m² de surface
   de chauffe totale............................... 1^k.79
Houille brute consommée par h^{re} et m² de grille.... 70^k.700
Poids d'eau vapor^{ée} par h^{re} et m² de surf de chauffe
   sans réchauffeurs............................. 25^k.543
    —   — à 0° et 5^{atm.} par kilog. de houille
   à 10°/₀ de scories............................. 7^k.633
Nombre de charges par jour et par générateur...... 110
Poids de houille par charge.. .... 19^{k.}
Air en excès dans les gaz de la combustion......... 35.65°/₀

Une augmentation de 47,5 °/₀ dans la consommation de houille a produit seulement une diminution dans le rendement de 4,90 soit 5 °/₀ en nombre rond.

2° *Essai sur une chaudière ordinaire à bouilleurs inférieurs et à trois réchauffeurs latéraux* (ESSAI A). — Voici les résultats obtenus dans une autre usine sur des générateurs de même type, c'est-à-dire à bouilleurs inférieurs et à 3 réchauffeurs. Les dimensions principales étaient :

NUMÉROS DES GÉNÉRATEURS..........	N° 6.	N° 7.
Surface de chauffe totale	132^{m2}54	155^{m2}16
Surface de chauffe générateur / Surface de chauffe réchauffeurs	1 . 03	1 . »
Surface de grille...................	2 . 72	3 . 11
Surface de chauffe totale / Surface de grille	48 . 73	49 . 89

Le 1er février et les 1 et 2 mars 1877, nous avons opéré des essais de vaporisation avec le même chauffeur et le même combustible, sur la chaudière N° 6 seule et sur les chaudières N°s 6 et 7; les chiffres suivants ont été obtenus :

	1er Février 1877. Chaudière N° 6.	1er et2 Mars 1877 Chaudières N°s 6 et 7.
Houille brute consommée par hre et m² de surface de chauffe totale........	1k.293	1k.052
Houille brute consommée par hre et m² de surface de grille	63k.060	51k.830
Poids d'eau vaporisée par hre et m² de surface de chauffe sans réchauffeurs.	18k.289	15k.719
Poids d'eau vaporisée à 0° et 5atm. par kilog. de houille pure.............	8k.058	8k.437
Nombre de charges par jour de 13 hres et par générateur.................	75	65
Poids de houille par charge	29k.7	27k.6
Air en excès dans les gaz de la combon.	66.25	51.15

La consommation de houille, qui était déjà élevée, a augmenté, dans les essais du 1er février, de 18,64 %; la production de vapeur du générateur par heure, de 14,96 %, et le rendement du générateur n'a baissé que de 4,49 %.

3e Essai sur les chaudières ordinaires à bouilleurs inférieurs et à trois réchauffeurs latéraux (ESSAIS B et C). — Quatre années successivement, nous avons fait le concours de chauffeurs sur une même batterie de générateurs à 2 bouilleurs inférieurs, à 3 réchauffeurs et avec surchauffeurs.

Les différents éléments sont les suivants, obtenus avec

une différence dans la consommation de houille, par suite
de grandes modifications dans les machines à vapeur :

	Concours 1877	Concours 1878	Concours 1879
Surface de chauffe totale..........	299m246	299m246	299m246
$\dfrac{\text{Surface de chauffe générateur}}{\text{Surface de chauffe réchauffeurs}}$ ...	0 . 93	0 . 93	0 . 93
Surface de grille.................	7m276	7m276	6m203
$\dfrac{\text{Surface de chauffe totale}}{\text{Surface de grille}}$	38 . 59	38 . 59	49 . 66

	Concours 1877	Concours 1878	Concours 1879	Δ % 1878 sur 1879.	Δ % 1877 sur 1879.
Houille brute consommée par h^{re} et m^2 de surface de chauffe totale.	1k.471	1k.246	0k.854	+31,46	+41,94
Houille brute consommée par h^{re} et m^2 de surface de grille	56k.900	48k.070	42k.406	+11,78	+25,47
Poids d'eau vaporisée par h^{re} et m^2 de surface de chauffe totale..........	11k.790	9k.565	7k.246	+25,34	+38,79
Poids d'eau vaporisée par h^{re} et m^2 de surface de chauffe sans réchauffeurs.	26k.800	21k.858	16k.466	+25,34	+38,79
Poids d'eau vaporisée à 0^0 et à $5^{atm.}$ par kilogr. de houille pure	8k.496	8k.533	9k.068	—5,89	—6,30
Nombre de charges par jour et par générateur......................	78	60	42	—	—
Poids de houille par charge..........	38k.05	43k.28	39k.28	—	—
Air en excès dans les gaz de la comb^{on}	28,55 %	30,76 %	24,92 %	—	—

On voit qu'en prenant le concours de 1877 pour base, le
concours de 1878 a donné une diminution de consommation

de houille de 15,51 %, et le rendement a monté de 0,5 %
seulement. Mais, pour le concours de 1879, la consommation
de houille ayant diminué de 42 %, le rendement a monté à
6,30 %.

Et réciproquement, puisque c'est surtout le point de vue
de l'élasticité de production de la vapeur que je veux mettre
en évidence, si nous partons du concours de 1879 pour
arriver au concours de 1877, lorsqu'on augmente la consommation de houille de 42 % et la production de la vapeur
par heure de 39 %, le rendement du générateur ne diminue
que de 6,30 %.

4° *Essai sur les chaudières ordinaires à bouilleurs
inférieurs et à trois réchauffeurs latéraux* (ESSAI E). —
Les chaudières de cette usine avaient les dimensions principales :

Surface de chauffe totale d'un générateur .... 111^m259

$$\frac{\text{Surface de chauffe générateur}}{\text{Surface de chauffe réchauffeurs}} \dots \dots = \frac{53,50}{58,09} = 0,920$$

Surface de grille .... 2^m264

$$\frac{\text{Surface de chauffe totale}}{\text{Surface de grille}} \dots \dots = 42.27$$

Nous avons fait dans cette usine deux essais avec le même
chauffeur et la même houille, mais, dans les premières
expériences, trois générateurs étaient en marche pour une
consommation de 334^k.144 par heure, et, dans les secondes,
deux chaudières seulement étaient allumées pour une
consommation par heure de 348 k.866 ; la consommation
de houille a donc été la même.

Voici les résultats de ces essais, très importants au point
de vue de la question dont nous nous occupons :

	Essais d'Avril 1879 — 3 Générateurs.	Essais de Janvier 1881 — 2 Générateurs.	Δ %
Houille brute consommée par h[re] et m² de surface de chauffe totale...	0k.998	1k.563	+ 56,61
Houille brute consommée par h[re] et m² de surface de grille.........	42k.190	66k.073	+ 56,6
Poids d'eau vaporisée par h[re] et m² de surface de chauffe sans réchauf[f]	14k.843	21k.536	+ 51,65
Poids d'eau vaporisée à 0° et à 5[atm]. par kilogr. de houille pure	8k.227	7k.710	— 6,284

Dans les seconds essais, on a augmenté la consommation de houille de 56,61 %, on a fait produire aux chaudières 51,65 % de vapeur en plus, et le rendement n'a baissé que de 6,284 %.

EXPÉRIENCES SUR DES CHAUDIÈRES SANS RÉCHAUFFEURS.

Expériences de M. Meunier-Dolfus. — Voici les résultats d'un essai fait à Mulhouse par M. Meunier-Dolfus.

En 1874, on a fait le concours de chauffeurs sur 2 générateurs ordinaires à 3 bouilleurs inférieurs, sans réchauffeurs. La surface de chauffe était de 108 m², et la consommation de houille en 12 heures a été de 2,794 k. de houille de Ronchamp.

En 1875, on a pris 3 générateurs pour faire le concours, et on a fait ensuite, sous un seul générateur, un essai spécial en forçant la consommation comme l'indique le tableau ci-joint :

	Concours 1875.	Δ °/₀	Concours 1874.	Δ °/₀	Essai spécial.
Houille consommée par h^{re} et m² de surface de chauffe	1k.475	— 52,20	2k.156	— 30,13	3k.086
Poids d'eau vaporisée par kilog. de houille pure à 0⁰ et à 5atm	9k.606	+ 14,42	8k.662	+ 5,08	8k.220

En prenant pour base l'essai spécial, on voit, par les différences en °/₀ que nous avons inscrites, qu'au fur et à mesure que la consommation de charbon par m² de surface de chauffe diminue, le rendement augmente, mais avec beaucoup plus de rapidité que pour les chaudières munies de réchauffeurs.

Nous venons de voir en effet que, pour les chaudières à réchauffeurs, une augmentation de 50°/₀ dans la consommation de houille ne fait baisser le rendement que de 5 à 6 °/₀, tandis que, pour les chaudières sans réchauffeurs, le rendement, pour une même augmentation de houille, baisse de 14,42 °/₀.

EXPÉRIENCES SUR DES CHAUDIÈRES SEMI-TUBULAIRES.

Cette élasticité dans la production de la vapeur n'existe nullement dans d'autres types de générateurs.

Voici un exemple sur des générateurs semi-tubulaires.

2

	EXPÉRIENCE B	EXPÉRIENCE E
Surface de chauffe totale...................	100m²24	200m²50
Surface de grille	2m²55	5m²40
$\dfrac{\text{Surface de chauffe totale}}{\text{Surface de grille}}$	39.30	39 30

Les résultats de deux essais entrepris dans cette usine, en se servant soit d'un générateur, soit de deux, ont donné :

	EXPÉRIENCE B	EXPÉRIENCE E
Houille pure consommée par heure et m² de surface de chauffe totale	0k.928	0k.651
Houille pure consommée par heure et m² de surface de grille........................	36k.50	25k.61
Poids d'eau vaporisée par heure et m² de surface de chauffe totale	7k.340	6k.385
Poids d'eau vaporisée à 0° et à 5atm. par kilog. de houille pure........................	8k.043	9k.769
Nombre de charges par jour et par fourneau.	39	42
Poids de houille par charge................	39k.06	22k.42
Air en excès dans les gaz de la combustion..	16,91 %	29,93 %

La consommation de houille augmentant de 29,85 %, la production de vapeur du générateur n'augmente que de 13,01 % et le rendement baisse de 17,66 %.

Le tableau suivant résume ces différents essais.

TABLEAU RÉSUMANT LES EXPÉRIENCES DÉMONTRANT LE PLUS OU MOINS
D'ÉLASTICITÉ DES GÉNÉRATEURS.

	Augmentation % de la consommation de houille.	Diminution % du rendement du générateur.
Chaudière semi-tubulaire..................	29,85	17,66
Chaudière ordinaire à bouilleurs inférieurs	30,13	5,08
sans réchauffeurs.......................	52,20	14,42
Chaudière ordinaire à bouilleurs inférieurs avec 3 réchauffeurs latéraux :		
1er Essai A. [A V.].....................	18,64	4,49
2e Essai B. [C.D.].....................	31,46	5,89
3e Essai C. [C.D.]	41,94	6,30
4 Essai D [C]........................	47,50	4,90
5e Essai E [Fl.]	56,61	6,28

Des chiffres que nous avons cités sur les chaudières ordinaires à bouilleurs inférieurs et à réchauffeurs, nous devons
encore tirer quelques observations :

1° Tout générateur est établi pour une consommation
régulière donnant le maximum de rendement et qui semble
être vers 1 k. à 1 k. 200 de houille par m² de surface de
chauffe totale et par heure.

Soit pour un générateur de 125 m², 13 heures de travail,
1600 à 2,000 kil.

2° Lorsqu'on augmente ce chiffre de consommation de
10 à 15 %, le rendement semble baisser de 5 %, ce qui
prouve l'erreur bien grande de certains industriels qui

s'imaginent que l'on peut brûler ce que l'on veut sous n'importe quel générateur.

3° En cas de besoin, on peut élever la consommation à 40 ou 50 % en plus, c'est-à-dire de 2200 k. à 3000 k. et le rendement du générateur en eau vaporisée par kilog. de houille ne baisse pas de plus de 5 à 6 %.

ESSAIS SUR LES RÉCHAUFFEURS.

Une première question se présente lorsqu'on étudie un projet d'installation de réchauffeurs :

Quelle surface doit-on donner aux réchauffeurs par rapport à la surface du générateur proprement dit ?

Cette question est assez compliquée, car elle dépend beaucoup du système adopté pour les réchauffeurs et du montage des maçonneries.

Voici deux essais très importants à ce sujet :

Essais de M. Burnat. — La chaudière est représentée en coupe par (la fig. 3. Pl. 1).

Les flammes, après avoir léché les bouilleurs, reviennent d'une seule fois autour du générateur, puis circulent dans chacun des trois carneaux où se trouvent les 6 réchauffeurs.

Le générateur a une surface de chauffe de $29^{m2}50$ et les réchauffeurs 44^{m2}.

Le rapport :

$$\frac{\text{Surface de chauffe du réchauffeur}}{\text{Surface totale de la chaudière}} = \frac{44}{73,50} = 0,55$$

De nombreux essais faits avec le plus grand soin ont

prouvé que la quantité de houille consumée en 12 heures variait de 1300 à 1400 kil., la température de l'eau d'alimentation variant de 16° à 60°, l'augmentation de température de l'eau, à sa sortie du dernier réchauffeur, était de 80° à 90°.

L'augmentation de température de l'eau dans les réchauffeurs était d'autant plus grande que l'eau d'alimentation était à plus basse température.

Ainsi à :

16° l'augmentation était de 75°
60° — — 19°

Essais de M. E. Cornut. — Voici les résultats d'un essai que nous avons pu faire sur des générateurs ordinaires à bouilleurs inférieurs, sans retour de flammes, avec deux bouilleurs réchauffeurs latéraux (Fig. 1 Pl. III).

Les flammes chauffaient d'un seul coup les bouilleurs et la moitié de la chaudière, puis circulaient successivement autour de chacun des bouilleurs réchauffeurs.

Les dimensions principales de ces générateurs sont :

$$\begin{array}{ll}
\text{Surface de chauffe de la chaudière} \dots\dots\dots & 21^{\text{m}2}032 \\
\text{— des bouilleurs inférieurs} \dots\dots & 61^{\text{m}2}826 \\
\text{— totale du générateur} \dots\dots & 82^{\text{m}2}858 \\
\text{— des deux réchauffeurs} \dots\dots & 46^{\text{m}2}370
\end{array}$$

$$\frac{\text{Surface de chauffe des réchauffeurs}}{\text{Surf. de chauffe totale du générat.}} = \frac{46,37}{82,86} = 0{,}559$$

L'installation de la tuyauterie nous a permis de placer des thermomètres à mercure très exacts et divisés en $\frac{1^{\text{e}}}{5}$ de degré aux points suivants :

Thermomètre N° 1. — Dans le tuyau amenant l'eau

d'alimentation de l'injecteur à l'extrémité du réchauffeur inférieur.

Thermomètre N° 2. — Dans le tuyau faisant communiquer le réchauffeur inférieur au réchauffeur supérieur.

Thermomètre N° 3. — Dans le tuyau conduisant l'eau sortant du réchauffeur supérieur aux deux bouilleurs inférieurs du générateur.

Il nous était ainsi facile de suivre l'augmentation de température de l'eau après ses passages successifs dans chacun des réchauffeurs.

Voici les moyennes obtenues dans toute une journée d'essais :

Température de l'eau à l'entrée du bouilleur-réchauffeur inférieur .... 69°75

Tempér^{re} de l'eau à son passage du bouilleur-réchauff. infér. au bouill.-réch. supér. ..... 97°01 } 27°26

Température de l'eau à son entrée dans les bouilleurs du générateur................ 142°75   45°24

L'eau avait donc gagné 72°50 de température. La température moyenne de la vapeur dans cette journée d'essais a été de 154°41 , la température de l'eau contenue dans la chaudière était donc de 156°012 et l'écart de température entre l'eau de la chaudière et l'eau injectée de 13°76 seulement.

La quantité totale de chaleur qu'il fallait donner à l'eau pour la vaporiser était de :

$$\lambda = (606,5 + 0,305 \times 154,41) - 69,75 = 585,84$$

Les bouilleurs réchauffeurs ont fourni $72^{cal}50$, soit 12,4 % de la quantité totale de calories à fournir.

Ce chiffre assez bas tient à deux causes principales :

1° Le rapport entre la surface de chauffe des réchauffeurs et du générateur était trop faible ;

2° L'eau d'alimentation arrivait dans les réchauffeurs, à cause du Giffard, à une température trop élevée.

Deuxième essai. — Nous avons eu occasion de faire des essais analogues sur un générateur à bouilleurs inférieurs muni de 3 réchauffeurs latéraux.

Les flammes chauffent en même temps les bouilleurs inférieurs et la moitié du corps cylindrique, traversent après un appareil surchauffeur qui permet d'élever la température de la vapeur jusqu'à 300° environ, puis circulent successivement autour de 3 réchauffeurs latéraux.

Les dimensions principales de ce générateur sont :

$$\text{Surface de chauffe du générateur} \dots\dots\dots\dots\dots 62^{m2}70$$
$$\text{Surface de chauffe des réchauffeurs} \dots\dots\dots\dots 66^{m2}$$
$$\text{Surface de chauffe totale} \dots\dots\dots\dots\dots\dots 128^{m2}70$$
$$\frac{\text{Surface des réchauffeurs}}{\text{Surface de la chaudière}} \dots\dots\dots\dots = \frac{66}{62,40} = 1,05$$

Des thermomètres étaient placés aux endroits suivants, indiqués sur le plan (planche IV).

0_1 — Thermomètre à l'entrée de l'eau de la pompe dans le réchauffeur inférieur.

0_2 — Thermomètre dans le tuyau de communication entre le réchauffeur inférieur et celui du milieu.

0_3 — Thermomètre dans le tuyau de communication entre le réchauffeur du milieu et le réchauffeur supérieur.

θ_4 — Thermomètre dans le tuyau de communication entre le réchauffeur supérieur et les bouilleurs inférieurs du générateur.

θ_5 — Thermomètre dans le tuyau de vapeur saturée, sortant du générateur.

θ_6 — Thermomètre dans le tuyau de vapeur surchauffée à la sortie de la surchauffe.

θ_7 — Thermomètre dans le carneau de départ des produits de la combustion à la sortie du registre.

Les températures étaient relevées à tous les thermomètres de dix en dix minutes.

Un point, qu'il m'a paru important d'établir avant tout, dans l'étude des réchauffeurs, c'est la comparaison entre :

1° Le volume d'eau contenu dans la chaudière ;

2° Le volume d'eau contenu dans les réchauffeurs ;

3° La quantité moyenne d'eau vaporisée par jour dans le générateur.

Pour les chaudières sur lesquelles j'ai opéré, les chiffres étaient :

Volume de l'eau de la chaudière.................... 16m3,966
Volume de l'eau des réchauffeurs................... 13m3,176
Quantité moyenne d'eau vaporisée par jour et par
  chaudière 15m3,500

On voit que l'eau de la chaudière est, à peu près, renouvelée une fois par jour, et que les bouilleurs réchauffeurs contiennent 85 p. 100 de la quantité d'eau nécessaire à la marche d'une journée.

Ces chiffres ont, à mon avis, une importance considérable

au point de vue du rendement des réchauffeurs ; il est , en effet , facile de se rendre compte de la vitesse infiniment petite avec laquelle l'eau marche dans les réchauffeurs.

Dans le cas qui nous occupe, l'alimentation était automatique, mais non continue , et le relevé des expériences a montré que l'alimentation se fait pendant plus des trois quarts du temps, soit environ dix heures.

Le débit de l'eau par seconde est donc :

$$\frac{15500}{36000} = 0^{litre},430.$$

Les réchauffeurs ayant une section de 44 decim² 18, la vitesse en mètres par seconde est de 0^{m}00097, soit approximativement 1 millimètre.

Si nous examinons maintenant les trois courbes (pl. V), qui représentent la température de l'eau dans les trois réchauffeurs, on voit que la courbe va légèrement en s'inclinant d'une façon régulière vers la ligne des abcisses depuis cinq heures et demie du matin jusqu'à l'arrêt du soir.

Ce fait est tout naturel, puisque , pendant les neuf heures et demie d'arrêt de la nuit , les bouilleurs réchauffeurs ont reçu la chaleur rayonnante des maçonneries de briques réfractaires qui forment les parois des carneaux , et l'on comprend que, malgré la déperdition de chaleur par les maçonneries, la température de l'eau se soit élevée.

On remarquera aussi que de 4 h. 50 à 5 h 10 du soir, c'est-à-dire au moment où nous avons rapidement fait monter la température des fumées , la température de l'eau s'est aussi élevée assez sensiblement.

Rendement de chaque réchauffeur. — Un point important était de connaître la part de rendement afférente à l'ensemble des réchauffeurs et à chaque réchauffeur en particulier.

Ce résultat nous était facile à obtenir, grâce à la position des thermomètres.

Nous ne connaissons pas, en effet, les températures successives de l'eau dans les réchauffeurs, mais nous avons le gain de chaleur totale que fait l'eau en passant dans chacun d'eux, puisque nous avons la température de l'eau à son entrée et à sa sortie.

La quantité de chaleur totale, qu'il faut fournir à un kilogramme d'eau, pour le réduire en vapeur à la pression correspondant à la température t, est donnée par la formule de Regnault :

$$\lambda = 606,5 + 0,305\, t.$$

Si l'eau d'alimentation est à la température θ, on admet, ce qui est très suffisamment juste en pratique, que la quantité réelle à fournir n'est plus que :

$$\lambda - \theta$$

et, par suite, si nous appelons Δ les différences successives ou gains de température de l'eau d'alimentation, les rendements des réchauffeurs seront donnés par le rapport :

$$R = \frac{\Delta}{\lambda - \theta}$$

Les premiers essais, que nous avons entrepris, ont été

exécutés, le 20 décembre 1876, sur la chaudière que nous appellerons N° 3 et qui seule possédait un surchauffeur.

Il m'a paru intéressant d'étudier la différence des rendements de cinq heures et demie du matin à midi, heure du dîner et de une heure à sept heures du soir, arrêt de l'usine.

Les chiffres sont inscrits dans le tableau suivant :

Chaudière N° 3

ESSAIS DU 20 DÉCEMBRE 1876.

	ESSAIS de 5 h. 1/2 du m. à midi.		ESSAIS de 1 h. à 7 h. du soir.		ESSAIS de la journée entière.	
	Différences des températures à l'entrée et à la sortie	Rendement p. % du rendement total.	Différences des températures à l'entrée et à la sortie	Rendement p. % du rendement total.	Différences des températures à l'entrée et à la sortie	Rendement p. % du rendement total.
Réchauffeur inférieur..	30,21	4,99	25,70	4,24	28,01	4,63
— intermédᵉ	31,00	5,12	27,48	4,54	29,29	4,84
— supérieur.	31,35	5,18	35,68	5,89	33,46	5,53
Totaux......	92,56	15,29	88,86	14,67	90,76	15,00

Différence entre les rendements du matin et du soir, 4 %.

Les 5 et 6 avril 1877, nous avons entrepris de nouveaux essais sur les trois générateurs.

Les tableaux suivants donnent les résultats obtenus sur les générateurs N°ˢ 1 et 3.

Chaudière N' 3

ESSAIS DU 5 AVRIL 1877.

	ESSAIS de 5 h. 1/2 du m. à midi.		ESSAIS de 1 h. à 7 h. du soir.		ESSAIS de la journée entière.	
	Différences des températures à l'entrée et à la sortie	Rendement p. % du rendement total.	Différences des températures à l'entrée et à la sortie	Rendement p. % du rendement total.	Différences des températures à l'entrée et à la sortie	Rendement p. % du rendement total.
Réchauffeur inférieur..	27,86	4.48	16,25	2,62	22,65	3,54
— intermédᵉ	28,22	4,54	18,81	3,04	23,51	3,78
— supérieur.	30,79	4,96	42,58	6,88	36,68	5,89
Totaux......	86,87	13,98 .	77,64	12,54	82,84	13,21

Différence entre les rendements du matin et du soir, 10,3 %.

Chaudière N° 3

ESSAIS DU 6 AVRIL 1877.

	ESSAIS de 5 h. 1/2 du m. à midi.		ESSAIS de 1 h. à 7 h. du soir.		ESSAIS de la journée entière.	
	Différences des températures à l'entrée et à la sortie	Rendement p. % du rendement total.	Différences des températures à l'entrée et à la sortie	Rendement p. % du rendement total.	Différences des températures à l'entrée et à la sortie	Rendement p. % du rendement total.
Réchauffeur inférieur..	25,04	4,01	16,82	2,71	22,18	3,40
— intermédᵉ	26,84	4,33	19,58	3,15	22,41	3,61
— supérieur.	27,75	4,46	40,19	6,48	33,69	5,42
Totaux......	79,63	12,80	76,59	12,34	78,28	12,43

Différence entre les rendements du matin et du soir, 3,5 %.

Chaudière N° 1

ESSAIS DU 5 AVRIL 1877.

	ESSAIS de 5 h. 1/2 du m. à midi.		ESSAIS de 1 h. à 7 h. du soir.		ESSAIS de la journée entière.	
	Différences des températures à l'entrée et à la sortie	Rendement p. % du rendement total.	Différences des températures à l'entrée et à la sortie	Rendement p. % du rendement total.	Différences des températures à l'entrée et à la sortie	Rendement p. % du rendement total.
Réchauffeur inférieur..	35,05	5,64	23,59	3,81	29,32	4,73
— intermédᵣₑ	42,70	6,87	33,48	5,40	38,09	6,15
— supérieur.	30,93	4,97	45,01	7,26	37,97	6,11
Totaux......	108,68	17,48	102,08	16,47	105,38	16,99

Différence entre les rendements du matin et du soir, 5,8 %.

Chaudière N° 1

ESSAIS DU 6 AVRIL 1877.

	ESSAIS de 5 h. 1/2 du m. à midi.		ESSAIS de 1 h. à 7 h. du soir.		ESSAIS de la journée entière.	
	Différences des températures à l'entrée et à la sortie	Rendement p. % du rendement total.	Différences des températures à l'entrée et à la sortie	Rendement p. % du rendement total.	Différences des températures à l'entrée et à la sortie	Rendement p. % du rendement total.
Réchauffeur inférieur.	32,78	5,27	21,22	3,42	27,18	4,38
— intermédᵣₑ	38,46	6,18	31,03	5,00	34,59	5,57
— supérieur.	32,85	5,28	41,91	6,76	37,49	6,04
Totaux......	104,09	16,73	94,16	15,18	99,26	15,99

Différence entre les rendements du matin et du soir, 9,2 %.

Ces chiffres nous permettent de faire quelques remarques fort intéressantes :

1° *Chaudière N° 3 avec surchauffeur.*

Les rendements moyens journaliers des réchauffeurs ont été :

Le 20 décembre 1876	15.00 p. 100
Le 5 avril 1877	13.21 p. 100
Le 6 avril 1877	12.43 p. 100

La différence entre le 5 et le 6 avril est peu importante ; l'écart entre les résultats du 20 décembre 1876 et des 5 et 6 avril 1877 peut tenir à diverses causes, dont les plus probables sont la différence de propreté des appareils et la qualité de la houille.

Le rendement industriel des réchauffeurs de ce générateur semble donc être de 13,55 p. 100 du rendement total.

2° *Chaudière N° 1 sans surchauffeur.*

Les rendements moyens journaliers sont :

Le 5 avril 1877	16.99 p. 100
Le 6 avril 1877	15.99 p. 100

Soit une moyenne 16.50 p. 100.

La différence entre les deux rendements de la chaudière N° 3 avec surchauffeur et de la chaudière N° 1 sans surchauffeur est de 3 p. 100 en nombre rond, et comme les températures des fumées à la sortie sont plus basses pour la chaudière N° 3 que pour la chaudière N° 1, on voit que l'influence de la chaleur absorbée par le surchauffeur est assez notable.

Pour les deux générateurs , le rendement total des trois réchauffeurs est plus grand dans la première partie de la journée, c'est-à-dire de cinq heures et demie du matin à midi, que de une heure à sept heures du soir.

Ce fait provient, à mon avis, de deux causes :

1° Pendant la nuit , les maçonneries ont rayonné une quantité de chaleur importante , qui a élevé la température de l'eau dans les bouilleurs réchauffeurs ;

2° La quantité de houille brûlée par heure est toujours plus grande dans la première partie de la journée que dans la seconde.

Il me paraît enfin assez intéressant de faire remarquer la perturbation introduite par la chaleur rayonnante de la nuit sur le rendement des réchauffeurs successifs.

Ainsi, le matin, la différence de rendement entre les trois réchauffeurs est peu différente et ne suit pas l'ordre des températures successives des produits de la combustion.

Dans la journée, au contraire, les différences s'accentuent et on voit que, au fur et à mesure que la température des gaz diminue , le rendement des réchauffeurs diminue aussi.

Ces faits limitent donc l'action économique des réchauffeurs.

FORMATION DE CIELS D'AIR DANS LES RÉCHAUFFEURS.

Dans les conditions de la pratique , y a-t-il possibilité de former de la vapeur dans les réchauffeurs ?

Pour que l'eau du réchauffeur le plus chaud puisse fournir de la vapeur, il faut nécessairement que cette eau atteigne

la température correspondant à la pression de la vapeur de
la chaudière, pression à laquelle elle est soumise, puis,
qu'elle puisse recevoir l'énorme quantité de chaleur nécessaire à la vaporisation de l'eau.

1ᵉʳ ESSAI. — *Sociétaire Nᵒ 84, filature de coton.* —
Ce premier essai a été entrepris sur un générateur ordinaire
à deux bouilleurs inférieurs et à deux réchauffeurs latéraux.
(Fig. 1. Pl. III).

Les dimensions principales sont les suivantes :

Corps cylindrique	Diamètre	1ᵐ300
	Longueur	10.300
Bouilleurs inférieurs	Diamètre	0.750
	Longueur	12.300
Bouilleurs réchauffeurs	Diamètre	0.600
	Longueur	12.300
Surface de chauffe du corps cylindrique		21ᵐ²01
— — des bouilleurs inférieurs		58 06
— — de la chaudière		79 07
— — des réchauffeurs		46 25

Les flammes dans leur premier parcours (1) chauffent
d'un seul coup les deux bouilleurs inférieurs et le corps
cylindrique ; leur deuxième parcours (2) se fait dans le
réchauffeur supérieur, puis, après avoir chauffé le réchauffeur inférieur (3), les produits gazeux de la combustion
s'échappent à la cheminée.

Nous avons disposé l'expérience pour avoir très exacte-
ment la température de la vapeur, et la température de l'eau
d'alimentation au moment où elle quitte le réchauffeur supérieur pour se rendre à la chaudière.

1re *Expérience.* — Nous avons relevé les températures,
la chaudière fonctionnant dans son allure ordinaire.

Consommation de houille par heure et mètre carré de surface
de chauffe de la chaudière ....   1^{k}900

0 Température de l'eau d'alimentation à son entrée
dans le réchauffeur inférieur..................   53°600

0′ Température de l'eau d'alimentation à sa sortie du
réchauffeur supérieur............. ....   112° 49

Pression de marche......................   ...   4^{k}68°

q Température de l'eau correspondant à la pression. 157° 47

$\Delta = q - 0' = $ ....   44° 98

Il n'y a aucun danger, dans ce cas, qu'il se forme de la
vapeur dans le réchauffeur supérieur.

2e *Expérience.* — Pour un générateur donné, une même
pression de marche et une même houille, il y aura d'autant
plus de chances de trouver une température plus élevée
à l'eau sortant du réchauffeur supérieur que la température
de l'eau d'alimentation sera plus grande et la consommation
de houille plus forte.

Dans la seconde expérience faite sur le même générateur,
j'ai porté la consommation de houille à 2^{k}5 par heure et
mètre carré de surface de chauffe , soit une augmentation
de 31 p. 100 sur la première consommation, et, en alimen-
tant avec un Giffard, j'introduisais l'eau dans le réchauffeur
inférieur à 69°75 de température, soit une élévation de 30
p. 100 sur le chiffre de la première expérience.

Dans ces conditions, nous avons trouvé les résultats
suivants :

Consommation de houille par heure et mètre carré de surface
chauffe de la chaudière . ...   2^{k}500

θ Température de l'eau d'alimentation à son entrée
dans le réchauffeur inférieur.................. 69° 75
θ′ Température de l'eau d'alimentation à sa sortie du
réchauffeur supérieur........................ 142° 25
Pression de marche .... 4^k 47
Température de l'eau correspondant à la pression. 156° 01
$$\Delta = q - \theta' = \ldots\ldots\ldots\ldots\ldots \quad 13° \ 76$$

Dans ce cas de marche, avec un foyer à allures très vives,
a formation de vapeur n'est pas possible.

2e Essai. — *Sociétaire N° 84, filature de laine.* — Des
essais analogues ont été opérés dans une deuxième usine
du même propriétaire, où nous avons pu arriver à faire
marcher les générateurs, dans des conditions où les chaudières devaient être absolument forcées.

Les trois générateurs n°s 1, 2, 3. étaient des chaudières
ordinaires à deux bouilleurs inférieurs et à trois réchauffeurs latéraux. Leurs dimensions principales sont :

Corps cylindrique	Diamètre...............	1^{m}500
	Longueur...............	6.759
Bouilleurs inférieurs....	Diamètre...............	0.800
	Longueur	9.980
3 réchauffeurs.........	Diamètre...............	0.750
	Longueur.............	10.030
Surface de chauffe du corps cylindrique..............		15^{m}²39
— des bouilleurs inférieurs..........		50 . 10
— de la chaudière		66 . 03
— des réchauffeurs		71 . 01

La chaudière n° 3 seulement était munie, à l'arrière, d'un
surchauffeur de Hirn, d'une surface de chauffe de 20 mètres
carrés en nombre rond.

Les flammes des n°s 1 et 2 chauffent, en même temps, les bouilleurs inférieurs et le corps cylindrique. Comme dans l'exemple précédent, elles arrivent dans le réchauffeur supérieur où elles opèrent leur second parcours ; puis, après avoir léché les deux autres réchauffeurs, s'évacuent par le registre.

La chaudière n° 3 était munie, comme nous l'avons dit plus haut, d'un surchauffeur Hirn ; les gaz, après avoir léché les deux bouilleurs inférieurs et le corps cylindrique, comme pour les chaudières n°s 1 et 2, entraient dans une chambre spéciale attribuée au surchauffeur et située à l'arrière des bouilleurs inférieurs ; ils en sortaient obliquement, pour se rendre dans le réchauffeur supérieur.

La marche ordinaire de l'usine exige une consommation de 1^k950 par heure et par mètre carré de surface de chauffe de la chaudière ; par suite de circonstances spéciales, nous avons pu opérer des expériences en portant la consommation à 2^k539 et 3^k743, c'est-à-dire que nous avons augmenté successivement la consommation normale de houille de 33 p. 100 et de 97 p. 100.

Je dois dire tout de suite, que si la dernière consommation avait dû se continuer pendant un certain temps, les générateurs auraient été tellement forcés que je ne doute pas que les bouilleurs inférieurs auraient montré de nombreux défauts dangereux, qui sont la conséquence d'un pareil état de marche, bien avant que les réchauffeurs aient commencé à présenter des avaries.

Le tableau suivant résume les résultats des essais :

	CHAUDIÈRES			Chaudière
	N° 1.	N° 2.	N° 3.	N° 1.
Consommation de houille par heure et mètre de surface de chauffe de la chaudière.	2ᵏ539	2ᵏ539	2ᵏ539	3ᵏ743
θ Température de l'eau d'alimentation à son entrée dans le réchauffeur inférieur....	34°89	34°65	34°85	37°96
θ' Température de l'eau d'alimentation à sa sortie du réchauffeur supérieur	129°05	131°97	111°44	138°72
Pression de marche.........	5ᵃᵗᵐ52	5ᵃᵗᵐ52	5ᵃᵗᵐ52	5ᵃᵗᵐ22
q Température de l'eau correspondant à la pression.....	157°64	157°64	157°64	155°89
$\Delta = q - \theta'$......	28°59	25°67	46°20	17°17

Dans aucun de ces deux cas, l'eau du réchauffeur le plus chauffé n'atteint la température correspondant à la pression qu'elle supporte ; elle ne peut donc fournir de la vapeur, mais je crois devoir attirer l'attention sur une remarque importante.

Si on considère le chiffre donnant la température de l'eau sortant du bouilleur-réchauffeur supérieur de la chaudière n° 1, dans les deux expériences, on voit que la consommation de houille ayant augmenté de 45 p. 100 par rapport à la consommation de 2ᵏ539, qui était déjà forte, l'eau n'a gagné en somme que 9°67 en plus dans les réchauffeurs, soit 10 p. 100, en nombre rond.

C'est qu'en effet, pour arriver à brûler sur une même grille des quantités aussi différentes que 2ᵏ539 et 3ᵏ743 d'une même houille, par heure et par mètre carré d surface de

chauffe, on est obligé d'augmenter le tirage dans des pro-
portions considérables et, par suite, de diminuer, dans une
proportion presque analogue , le temps pendant lequel les
gaz restent autour des tôles. On se met donc ainsi dans des
conditions déplorables, au point de vue de l'utilisation de la
chaleur.

La chaudière n° 3 ne différait des n°s 1 et 2 que par l'ad-
jonction d'un surchauffeur Hirn de 20 mètres carrés de surface de chauffe. L'eau d'alimentation, dans ce générateur,
n'a gagné que 76°59 au lieu de 94°16 pour le n° 1, et 97°32
pour le n° 2.

Je viens de rendre compte des moyennes, mais il m'a paru
intéressant de mettre en regard les maximum les plus
importants de la température de l'eau d'alimentation sortant
du réchauffeur supérieur, et les valeurs de q correspondant
à la pression de la vapeur; on aura ainsi une idée de ce
que peuvent produire sur ce genre de phénomènes, les
irrégularités du chauffage.

*Première expérience. — Consommation : 2^k·539 de houille.
— Générateur n° 3.*

Maximum de température de l'eau sortant du réchauffeur supérieur.	Valeur de q correspondant à la pression.	Δ
127°62	157°40	29°78
122 60	157 15	34 55
136 63	157 25	20 62
141 64	157 65	16 01
144 64	157 45	12 81
143 64	156 65	13 01

Deuxième expérience. — Consommation : $2^k \cdot 743$ de houille.

Maximum de température de l'eau sortant du réchauffeur supérieur.	Valeur de q correspondant à la pression	Δ
145°42	154°27	8°85
149 25	156 85	7 60
148 50	155 »	6 50
147 50	153 55	6 05
142 50	155 25	12 75

Ces faits m'ont paru assez concluants pour me permettre de ne pas entreprendre des essais analogues sur les chaudières ordinaires à bouilleurs inférieurs et à 2 ou 3 réchauffeurs latéraux montés avec des carneaux latéraux.

Dans ce genre de chaudières, les flammes dans leur premier parcours chauffent les deux bouilleurs inférieurs, puis circulent deux fois, en général, autour du corps cylindrique et n'effectuent alors autour du réchauffeur supérieur que leur quatrième parcours.

Leur température se trouve donc beaucoup plus basse que dans les cas que nous venons d'examiner, et, par suite, la quantité de chaleur transmise à l'eau des réchauffeurs est beaucoup plus faible.

De ces différents résultats nous pouvons, je crois, conclure :

1° Lorsque les produits gazeux de la combustion, après avoir chauffé une chaudière de dimensions ordinaires, à deux bouilleurs inférieurs, montée, soit à feu direct, soit avec carneaux latéraux autour du corps cylindrique, se rendent dans le carneau d'un réchauffeur, l'eau contenue dans ce réchauffeur ne peut produire de vapeur, même avec une marche forcée pour la chaudière.

2° L'absence de vapeur rend complètement inutile la mise en contre-bas de la chaudière, du bouilleur-réchauffeur le plus chauffé.

3° La communication d'eau entre ce réchauffeur et le générateur peut s'établir par un simple tuyau de cuivre extérieur.

Je crois devoir donner ici les résultats d'expériences de MM. Burnat et Scheurer-Kestner, de Mulhouse.

Essais de M. Burnat. — La chaudière sur laquelle opérait M. Burnat était du système ordinaire alsacien, c'est-à-dire 3 bouilleurs inférieurs surmontés d'un corps cylindrique avec des réchauffeurs latéraux. Les flammes suivaient les parcours ci-dessous indiqués :

1er parcours. — Les 3 bouilleurs inférieurs.
2me —   Côté gauche du corps cylindrique.
3me —   Côté droit du corps cylindrique.
4me —   Réchauffeur supérieur.

Les gaz avaient parcouru environ 15 mètres de carneaux avant d'arriver aux réchauffeurs.

La surface de chauffe de la chaudière est de $29^{m2}50$; la surface de chauffe des réchauffeurs a varié suivant le nombre de réchauffeurs.

6 réchauffeurs représentaient une surface de chauffe de $44^{m2}60$
4   —   —   —   — $29^{m2}70$
2   —   —   —   — $14^{m2}90$

Nous résumons, dans le tableau suivant, les chiffres de ces essais qui peuvent nous intéresser :

	Température de l'eau à l'entrée du premier réchauffeur.	Température de l'eau à l'entrée de la chaudière.	Pression de la vapeur.	Valeurs de q correspondantes	$\Delta - q$	Consommation de houille par heure et par mètre carré de surface de chauffe.
Chaudière N° 1 à 6 réchauffeurs.	24°3	101°5	5atm.18	155°10	53°6	3k86
Chaudière N° 1 à 4 réchauffeurs.	25°5	88°7	5atm.09	154°45	65°75	3k18
Chaudière N° 1 à 2 réchauffeurs.	33°2	74°4	5atm.18	155°10	80°70	3k27

Dans ces conditions, il est donc impossible que le réchauffeur supérieur puisse produire de la vapeur.

Essais de M. Scheurer-Kestner. — Dans son magnifique travail, sur les chaudières, M. Scheurer-Kestner cite, comme moyenne de la marche de ses générateurs à réchauffeurs, les chiffres suivants :

Température de l'eau à l'entrée du premier réchauffeur.	Température de l'eau à la sortie du réchauffeur supérieur.	Pression de la vapeur.	Valeur de q correspondante.	$\Delta - q$
10°	70°	4atm75	152°57	82°57

Nous rappellerons enfin, que voilà plus de trente ans que les réchauffeurs latéraux, installés dans les conditions que nous avons indiquées (fig. 1 Pl. III) et avec communication extérieure par tuyaux en cuivre, sont employés en Alsace et dans le Nord, et l'on ne s'est jamais aperçu de cette formation de vapeur et des dangers de cette installation.

CHAMBRE D'AIR SUR LA TÔLE SUPÉRIEURE DES RÉCHAUFFEURS LATÉRAUX.

Si on pénètre dans le réchauffeur latéral le plus chauffé, avant le nettoyage des incrustations, on remarque, à la partie supérieure de la tôle, une surface blanchâtre, parfaitement nette, séparée du reste de la tôle par deux lignes blanches qui sont en général légèrement obliques sur la direction des génératrices.

Les figures 3, 4, 5, Pl. III indiquent la forme et les dimensions de ces surfaces qu'on désigne improprement sous le nom de *ciels de vapeur*, et qui ne sont, à mon avis, que des *chambres d'air*, puisque nous venons de voir qu'il ne peut se former de vapeur.

La figure 3 représente les chambres d'air du bouilleur-réchauffeur supérieur des chaudières dont nous avons décrit les expériences page 184; la figure 4 se rapporte aux générateurs essayés, page 185.

Ces dimensions ont été relevées au premier nettoyage qui a suivi nos expériences.

La fig. 5 Pl. III et la fig. 6 Pl. VI concernent des chaudières analogues, c'est-à-dire ordinaires à corps cylindrique, à deux bouilleurs inférieurs et à trois réchauffeurs latéraux. On remarquera que la chambre d'air va en augmentant depuis l'arrivée de l'eau dans le bouilleur jusqu'à sa sortie

La largeur maxima est variable, mais nous n'avons jam :
rencontré plus de 250 à 300 millimètres pour l'arc qui déli-
mite cette partie de la tôle.

Les bouilleurs-réchauffeurs, actuellement surtout, ont
des diamètres qui varient de 0^{m}700 à 0^{m}800, et par suite,
des circonférences de 2^{m}200 à 2^{m}500 ; les chambres d'air
représentent donc 1/10 en nombre rond de la circonférence
du bouilleur.

La production de ces chambres d'air est absolument forcée ; on introduit, en effet, dans le bouilleur-réchauffeur
inférieur, de l'eau à une assez basse température qui contient toujours de l'air en dissolution ; au fur et à mesure
que l'eau monte dans les réchauffeurs, elle s'échauffe, et
par suite, une partie de l'air en dissolution s'échappe successivement et passe avec l'eau dans les communications ;
l'inclinaison donnée aux bouilleurs-réchauffeurs et l'em-
manchement télescopique des tôles, sont deux conditions
qui facilitent encore ce dégagement.

Une question qui se pose évidemment à l'esprit est de
savoir si, en marche, ces chambres d'air existent dans toute
l'étendue que nous relevons, au repos.

Cette question, je ne puis la résoudre ; mais je serais assez
porté à admettre qu'une partie, au moins, de ces chambres
d'air est toujours mouillée par suite du mouvement de l'eau,
et que c'est surtout pendant les arrêts des nuits, dimanches,
etc., que le repos produit les lignes de démarcation qui
doivent être considérées comme des maximum.

Dans les bouilleurs-réchauffeurs du milieu et du bas, il
existe aussi des chambres d'air, mais de dimensions beaucoup moindres ; et dans le réchauffeur inférieur, celui par

conséquent qui reçoit l'eau froide, il est quelquefois très difficile d'apercevoir les lignes limites, surtout sur les premières tôles du côté de l'alimentation.

La dernière question à résoudre est celle-ci : les flammes qui viennent lécher les tôles des réchauffeurs peuvent-elles détériorer la partie supérieure des tôles et amener des catastrophes ou même des réparations importantes ?

Je crois, pour mon compte, que du moment que les chambres d'air atteignent, dans le réchauffeur le plus chauffé, 0^m200 à 0^m300, il peut y avoir, dans bien des cas, surchauffe de la tôle.

Chez le sociétaire N° 86, nous avons trouvé une chaudière ordinaire à deux bouilleurs inférieurs avec un seul bouilleur-réchauffeur latéral. Le montage est celui indiqué (fig. 1. Pl. III), c'est-à-dire que les flammes, après avoir chauffé d'un seul coup les deux bouilleurs inférieurs et le corps cylindrique, entrent de suite dans le carneau du réchauffeur.

Il existait une distance de 0^m400 entre la maçonnerie et le bouilleur réchauffeur (fig. 6. Pl. VI).

La figure 7 représente le développement de la tôle supérieure ; on voit que les chambres d'air n'offrent rien d'extraordinaire ; mais nous avons indiqué les deux pièces qu'on a été obligé de mettre successivement, par suite de la surchauffe de la tôle

Pour le réchauffeur supérieur, afin d'éviter ces accidents, nous faisons recouvrir par la voûte en maçonnerie le 1/6 de la circonférence , comme on le voit (fig. 1 et 2. Pl. III) en prenant toutefois pour maximum de la partie couverte 0^m400.

La partie recouverte est donc, pour :

Bouilleur de 0^m700 de 0^m360
— 0^m750 0^m380
— 0^m800 0^m400
— 0^m850 0^m400

Dans ces conditions, nous n'avons jamais eu ni accidents, ni réparations.

Pour les bouilleurs-réchauffeurs qui suivent, nous n'agissons pas de même ; la suie, en effet, qui se dépose sur la partie supérieure est très suffisante pour protéger la chambre d'air, dont la surface est à peine de la moitié ou du tiers de celle du réchauffeur supérieur, et, de plus, le surchauffage des tôles n'est plus à craindre par suite de la basse température des gaz de la combustion.

Renseignements pratiques pour diminuer l'importance de ces ciels d'air. — Les ciels d'air dont nous venons de parler ont un inconvénient évident, c'est de produire des corrosions lentes, mais qui, au bout de quelques années, peuvent exiger une réparation, surtout à la dernière tôle du bouilleur réchauffeur supérieur qui porte le piètement faisant communiquer l'eau du réchauffeur avec la chaudière, à cause de l'épaisseur du bouchon de fonte.

Pour éviter ces oxydations, il faut que l'air dégagé de l'eau puisse s'écouler facilement par la tubulure de sortie ; quelques précautions sont donc à prendre :

1° L'assemblage des tôles doit être fait par virole conique (fig. 2, pl. II) et non pas par virole cylindrique (fig. 3) en ayant soin que le sens de l'eau soit celui indiqué par les flèches ;

2° La pente à donner aux réchauffeurs ne doit pas être moindre que 10 centimètres par mètre ;

3° Les bouchons de fonte extrêmes au lieu d'être emman-
chés à l'intérieur, comme l'indique la figure 4, doivent au
contraire être ajustés extérieurement (fig. 5) ; la partie de
fonte mm' étant préalablement tournée.

Le matage $m'm'$ est fait avec soin au moyen d'une bague
en cuivre ; quelques constructeurs ayant peur de ne pas
réussir le matage en $m'm'$ préfèrent faire l'assemblage
comme il est indiqué figure 6 et mettent alors la tubulure
de sortie en ee.

CORROSION INTÉRIEURE DES TÔLES DES RÉCHAUFFEURS.

On a reconnu, depuis longtemps, une corrosion assez
générale dans les réchauffeurs : la corrosion par pustules.

Les tôles ne sont attaquées que par points. Des cavités
plus ou moins profondes se forment dans la tôle, le trou se
creuse en se remplissant d'une poussière brune, contenant
principalement de l'oxyde de fer.

Au-dessus de la tôle et correspondant à ce trou , on
trouve une espèce de champignon solide qui est un composé
d'oxyde de fer et de sels de chaux.

Quelles sont les causes de cette corrosion ?

On a cru d'abord qu'il fallait que les eaux fussent acides ,
ou bien continssent des chlorures.

D'autres personnes ont reconnu des oxydations de ce genre
dues à la présence des graisses dans les eaux d'alimentation.

Il n'est pas douteux , d'après les exemples si nombreux
que nous avons sous les yeux , que, dans tous ces cas, la
présence de corps favorisant l'oxydation donne une explication toute naturelle des phénomènes ; mais j'ai été appelé

à étudier bien souvent des corrosions par pustules , dont l'explication ne pouvait ressortir des causes qui viennent d'être rappelées. Je citerai un seul exemple.

Un industriel possède une batterie de deux générateurs du système ordinaire à bouilleurs inférieurs et munis chacun de trois réchauffeurs latéraux.

Ces chaudières étaient chargées de fournir la vapeur nécessaire au chauffage de l'établissement et fonctionnaient toute l'année pour cet usage.

Les eaux de retour du chauffage étaient recueillies dans une bâche et mélangées avec des eaux de la Lys marquant 28° hydrotimétriques.

Le mélange de ces eaux marquait encore 13° hydrotimétriques.

Un injecteur Giffard, construit par M. Flaud , c'est-à-dire entraînant de l'air avec l'eau refoulée , effectuait l'alimentation.

Les eaux de la Lys ont la composition suivante, par litre :

Acide carbonique libre............... 0,002
Carbonate de chaux................. 0,158
Sels de magnésie.................... 0,024

On remarquera aussi qu'il ne pouvait y avoir dans l'eau de substances grasses, provenant soit des graisses, soit des huiles.

L'inspection intérieure de ces générateurs permit de faire diverses remarques.

Réchauffeur inférieur. — A l'endroit où arrive l'eau d'alimentation, on remarque à la partie supérieure de la tôle des corrosions qui ne sont pas encore très profondes, mais elles sont très nombreuses.

Ce sont des pustules de diamètre variable.

Les corrosions de la tôle inférieure se trouvent sensiblement correspondre à celle de la tôle supérieure avec cette différence que la calotte d'oxyde qui cache le trou est plus aplatie que pour les pustules du haut qui ont la forme de gouttes.

Les lignes de chanfrein et les têtes de rivets sont couvertes de pustules.

Sur le dé en fonte qui forme la tête du bouilleur, on trouve aussi plusieurs de ces pustules.

Au fur et à mesure que l'eau s'avance dans le bouilleur vers la communication qui relie le réchauffeur inférieur au réchauffeur du milieu, en s'éloignant ainsi de l'arrivée de l'eau d'alimentation, les pustules sur les tôles diminuent considérablement, mais restent toujours très abondantes sur les rivets et sur les chanfreins.

2° *Réchauffeur intermédiaire.* — Les pustules sont rares sur les tôles, mais encore assez sensibles sur les têtes des rivets.

3° *Réchauffeur supérieur.* — Les pustules sur les tôles sont très peu nombreuses et se montrent encore sur les têtes de rivets et le long du chanfrein.

En résumé, on voit que l'action corrosive va en diminuant au fur et à mesure que l'eau d'alimentation s'éloigne de son point d'arrivée qui était la partie la plus basse du réchauffeur inférieur et atteint le générateur.

Le réchauffeur inférieur était construit en tôle N° 4 du Creusot, les deux autres réchauffeurs en tôles N° 3 de Denain , les rivets en fer fin des Ardennes, la fonte des bouchons était celle généralement employée par les fondeurs de Lille pour ce genre de travaux. Tous ces métaux de nature et de provenance si diverses , ont été tous attaqués sans exception.

M. le directeur des forges de Denain a bien voulu faire l'analyse de la poudre brune qui se trouvait dans les cavités ; voici les résultats de 3 échantillons :

	Fer.	Oxyde calculé.
1er Échantillon	65,70	28,16
2e —	64,90	27,81
3e —	65,75	28,18

Dans aucun échantillon on n'a trouvé traces de chlorures.

Les températures de l'eau dans les bouilleurs réchauffeurs étaient sensiblement en moyenne :

Réchauffeur inférieur.................	72°
Réchauffeur intermédiaire............	115°
Réchauffeur supérieur................	142°

Tels sont les faits observés.

Après réflexion , il semblait que l'explication ne pouvait se rechercher que dans l'action sur les métaux de l'oxygène de l'air dissous dans l'eau et de celui entraîné par le Giffard , en présence de l'acide carbonique rendu libre par la décomposition des bicarbonates alcalins.

L'analyse rapide de travaux déjà anciens montrera que la question avait été parfaitement élucidée par des hommes éminents : MM. Scheurer-Kestner et Meunier-Dollfus, de Mulhouse, et M. le professeur F. Crace Calvert, de Manchester.

Expériences de MM. Scheurer-Kestner et Meunier-Dollfus.
Bulletin de la Société Industrielle de Mulhouse (mai 1871).

Trois flacons, ayant chacun un volume de 10 litres, furent remplis d'eau.

Le flacon N° 1 contenait de l'eau de la vallée de Saint-Amarin, exempte de sels calcaires, mais très aérée.

Le N° 2 renfermait de l'eau calcaire du terrain jurassique, bien aérée et contenant de l'acide carbonique.

Le N° 3 contenait de l'eau distillée récemment bouillie pour en chasser l'oxygène dissous.

Ces messieurs prirent toutes les précautions nécessaires pour assurer l'exactitude de leurs expériences et placèrent dans le milieu des flacons des barres de fer bien nettoyées et polies.

Après plusieurs semaines, voici ce qu'ils observèrent :

« Le flacon N° 1 (eau non calcaire) présenta le premier
» des phénomènes d'oxydation ; des stries jaunes ne tar-
» dèrent pas à sillonner le fond de l'eau, descendant de la
» barre de fer qui peu à peu se couvrit de champignons de
» rouille.

» Lorsque tout l'oxygène de l'air fut consommé, les phé-
» nomènes d'oxydation cessèrent et la barre, sortie du
» flacon, nettoyée et remise en place, resta brillante comme
» si elle était vernie.

» Le flacon N° 2 (eau calcaire) présenta les mêmes phéno-
» mènes d'oxydation : seulement, ils furent beaucoup plus
» lents et les stries jaunes étaient mélangées de stries
» blanches de sels calcaires qui se précipitaient. Au bout de
» quelque temps, la barre sortie du flacon, nettoyée et
» remise en place, se recouvrit d'une nouvelle couche
» d'ocre. Ainsi, les sels calcaires, par leur dépôt sur le
» métal, entravent l'oxydation et la retardent.

» Le flacon N° 3 (eau distillée privée d'air) ne présenta
» aucun phénomène d'oxydation ; la barre y resta brillante.

» Ces phénomènes se passent de commentaires ; elles
» donnent l'idée exacte de ce qui a lieu dans les réchauf-
» feurs. »

Les conclusions de ces ingénieurs sont donc :

La destruction du fer tient à un phénomène d'oxydation ;
le fer se rouille en s'emparant de l'oxygène dissous dans
l'eau et non en décomposant l'eau.

La poudre recueillie dans ces oxydations fait effervescence
avec les acides et renferme un mélange de carbonate et
d'oxyde ferrique.

Cette attaque ne se faisant qu'à basse température, on la
remarque très rarement dans les chaudières proprement
dites et beaucoup plus dans les réchauffeurs.

De plus, dans les chaudières à bouilleurs inférieurs, l'eau
d'alimentation est rapidement portée à une haute température, les gaz dissous se dégagent et vont dans le corps
cylindrique où ils sont entraînés dans le courant de vapeur.

Dans les réchauffeurs, au contraire, les gaz séjournent
beaucoup plus longtemps et ne peuvent se dégager qu'après

avoir passé par la seule communication qui est au bout de chaque bouilleur.

La nature et la qualité de l'eau ont une très grande influence sur la marche du phénomène, comme il résulte des trois expériences citées.

Expériences sur l'oxydation du fer, par M. le professeur F. Crace-Calvert, de Manchester (1).

La première partie du mémoire est employée à décrire les essais qu'il entreprit pour se rendre compte de l'oxydation du fer exposé à l'air.

Sans vouloir insister sur ce sujet, on ne peut passer sous silence les conclusions qui ont un rapport direct avec les phénomènes d'oxydation du fer dans les conditions que nous étudions.

L'oxydation du fer est nulle dans l'oxygène et l'acide carbonique pur et sec. L'oxygène humide agit faiblement ; l'acide carbonique humide n'a pas d'action.

Le mélange d'oxygène et d'acide carbonique à l'état sec, n'oxyde pas le fer. Ce mélange des deux gaz à l'état humide produit une oxydation très rapide du fer.

Il se forme d'abord du peroxyde de fer, puis du carbonate et enfin un mélange d'oxyde et d'hydrate de sesquioxyde.

La seconde série d'essais du savant professeur a été

---

(1) Memories of the philosophic Society of Manchester, 5ᵉ volume, 5ᵉ série.

entreprise pour se rendre compte des phénomènes d'oxydation du fer en présence de l'eau.

Première expérience. — On plonge une tige de fer dans
un flacon rempli de l'eau ordinaire de la ville de Manchester,
qui contient en dissolution de l'oxygène et de l'acide carbonique. La rouille se manifeste de suite avec une grande
intensité.

On met une lame de fer dans un flacon qu'on a rempli de
la même eau, mais qu'on a préalablement fait bouillir pour
chasser l'oxygène et l'acide carbonique; après plusieurs
semaines, aucune trace d'oxydation n'était apparue.

Il était utile de se rendre compte de l'importance du rôle
de l'acide carbonique au point de vue de l'oxydation;
M. Crave Calvert prépara donc les mélanges suivants :

<pre>
75 acide carbonique .... 25 oxygène.
50   —   50   —
25   —   75   —
16   —   84   —
12   —   88   —
</pre>

Des flacons furent remplis, la moitié d'eau et la moitié de
ce mélange gazeux, et on observa que l'oxydation était
d'autant plus rapide que la proportion d'acide carbonique
était plus grande.

En résumé, je crois que ces expériences donnent la justi-
fication des faits que j'ai observés

Une eau ordinaire qui contient de l'air dissous et de
l'acide carbonique soit à l'état libre, soit par suite de la
décomposition des bicarbonates qu'elle renferme, donnera
lieu à l'oxydation par pustules des tôles

Cette oxydation, pour se développer, demande que l'eau et le métal se trouvent pendant assez longtemps en contact à une température basse ou moyenne et que les gaz qui tendent à se dégager de l'eau par l'élévation de température ne puissent pas s'échapper rapidement et soient obligés de séjourner sur les tôles.

Cette oxydation aura lieu sans que l'eau ne contienne ni acide, ni chlorure, ni graisses, ni autres matières facilitant l'oxydation.

Procédé pour éviter ces corrosions. — Différents procédés ont été proposés pour éviter ces corrosions dans le Nord ; celui qui nous a le mieux réussi consiste à bien nettoyer toutes ces pustules et leur intérieur et à passer plusieurs fois des couches de goudron brûlé.

Presque partout, au bout de 2 ou 3 ans, la corrosion s'arrêtait complètement et les réchauffeurs, dans ces conditions, dureront certainement de 15 à 20 ans.

RENSEIGNEMENTS PRATIQUES SUR LES ÉCONOMIES DE COMBUSTIBLES DUES A L'EMPLOI DES RÉCHAUFFEURS.

1er *résultat.* — MM. Scheurer-Kestner et Meunier, dans leur usine de Thann, firent le rendement d'une batterie de chaudières munies de réchauffeurs; le rendement en houille pure fut de 9^k25 d'eau vaporisée.

Ils marchèrent ensuite pendant un mois sans réchauffeurs, le rendement tomba à 8^k35, soit une perte de 9.5 $^o/_o$.

Dans cette installation, l'eau des réchauffeurs ne gagnait que 60° de température.

Or, le nombre de calories nécessaires à vaporiser 1^k d'eau à la pression de marche étant de $649^{cal}2$, on voit que l'économie théorique était de $9.25\ \%$.

2ᵉ résultat. — En 1875, dans une grande distillerie, nous avons installé des réchauffeurs pour une batterie de 5 générateurs.

Pour le même travail , la consommation de houille avait été :

Pendant le mois de janvier 1875............ 386.000 kil.

—   —   1876............ 316.500

Différence............. 69.500 kil.

Soit $18\ \%$.

3ᵉ résultat. — Dans une grande papeterie se trouvaient montés 7 générateurs ordinaires avec une série de réchauffeurs tubulaires (économiseur Green).

Lorsqu'on fonctionnait avec les réchauffeurs , la vaporisation était de 7^k87 par kilog. de houille brute.

Pendant le mois que durait le nettoyage intérieur des tubes du Green, la vaporisation tombait à 6^k50.

Soit une différence de $17\ \%$.

4ᵉ résultat. — Des essais faits à Albert par la Société Industrielle d'Amiens ont fait ressortir une économie pour les bouilleurs réchauffeurs de $17\ \%$.

On pourrait multiplier ces exemples et on sera presque toujours frappé de ce fait : que l'économie réelle obtenue est toujours un peu supérieure à l'économie théorique.

M. Meunier-Dolfus en a donné la vraie raison dans ses

études sur les économiseurs tubulaires Green et autres, en disant :

« On voit que l'économie constatée (en se servant des
» réchauffeurs) a été de 20 %; il est juste d'ajouter que
» l'économie totale de combustible ne peut être entièrement
» attribuée à l'utilisation de la chaleur précédemment
» perdue.

» La diminution du tirage qui résulte de l'abaissement de
» température des produits gazeux de la combustion en
» limitant le chauffeur dans la quantité d'air employé, a
» certainement une bonne part d'influence dans le résultat
» constaté. »

Cette réflexion serait d'autant plus juste pour nos contrées, que, dans tous les foyers dont j'ai fait l'analyse des gaz de la combustion, j'ai toujours trouvé des volumes d'air en excès considérables.

Les réchauffeurs peuvent donc être considérés comme des régulateurs qui rendent les chauffeurs moins mauvais malgré eux.

Nous pouvons maintenant rechercher si l'avantage des réchauffeurs bien calculés compense la dépense.

Les chiffres que nous allons citer se rapportent à l'année 1883 pour les prix de tôle, fonte, briques et houilles et ont trait, bien entendu, à une installation que nous avons faite.

Prix des 3 réchauffeurs latéraux	3.641fr. 40
Supports en fonte.......................	240 »
Maçonnerie en briques réfractaires	850 »
	4.731 40

Or, les réchauffeurs latéraux dont nous parlons, dureront certainement plus de 15 ans, puisque nous en connaissons beaucoup dont la construction remonte à 20 et 22 ans.

Si nous admettons toutefois une durée de 15 ans, les 4731^k40 au bout de ce temps, à 5 % et à intérêts composés, représentent une somme de 9836 fr. 23.

La chaudière avait été construite pour brûler 2000^k de houille par jour, sans réchauffeurs ; en admettant une économie de 16 % due aux réchauffeurs, la consommation aurait été de 2380^k.

Soit une économie par jour de 380^k, ou avec du charbon à 13 fr. la tonne et 300 jours de travail, une économie de 1486 fr. par an.

En capitalisant ces sommes successives d'année en année à 5 %, on arrive, au bout de 15 ans, au chiffre de 32065 fr.

Le bénéfice net en argent, au bout de 15 ans, sera donc de :

$$32{,}065 \text{ fr.} - 9.836^{fr.} 23 = 22.228^{fr.} 77.$$

Soit 22000 fr. en nombre rond.

PRÉCAUTIONS A PRENDRE DANS LE MONTAGE
DES RÉCHAUFFEURS.

Je vais, en terminant, vous faire connaître une précaution qu'il est indispensable de prendre dans l'installation des bouilleurs réchauffeurs.

« Il ne doit y avoir, sur la conduite qui réunit le ou les
» réchauffeurs à la chaudière proprement dite, aucun

» robinet, ni appareil permettant d'isoler, pour une raison
» quelconque, les réchauffeurs de la chaudière, à moins
» toutefois que lesdits réchauffeurs ne soient munis d'une
» soupape de sûreté. »

Si, en effet, on vient à interrompre la communication
entre les réchauffeurs et la chaudière (nous supposons que
les réchauffeurs ne sont pas munis d'une soupape de sûreté),
deux cas peuvent se présenter, suivant que la pompe
alimentaire sera en mouvement ou arrêtée.

Dans la première hypothèse, la pompe refoulant l'eau
enfermée dans les réchauffeurs, fera éclater ces derniers en
un temps très court.

Dans le second cas, la pression n'en montera pas moins
très rapidement dans les réchauffeurs, puisque l'eau sera
constamment chauffée par les flammes et par le rayonne-
ment des maçonneries ; l'augmentation de volume qu'elle
subira dans ces conditions donnera lieu à une élévation de
pression qui deviendra considérable en peu de temps.

Voici, d'ailleurs, une expérience très simple et très
concluante :

Un industriel, possédant un générateur à un réchauffeur
latéral non muni d'une soupape de sûreté, avait installé un
appareil Roynette intercalé entre le réchauffeur et la chaudière. (Cet appareil qui est assez répandu, est un robinet
mu par un flotteur ; le robinet s'ouvre quand le flotteur
baisse, c'est-à-dire quand le niveau d'eau descend dans la
chaudière, et se ferme quand le flotteur monte et que le
niveau est suffisant).

Une soupape de décharge, placée sur la conduite générale

d'alimentation , envoyait l'eau en excès dans un réservoir supérieur ; mais quand ce réservoir était à peu près plein , le chauffeur arrêtait sa pompe par intermittence lorsque le niveau indiqué par le Roynette lui paraissait assez élevé.

Dès lors, pendant tout le temps que le Roynette fermait l'entrée de l'eau dans la chaudière , cette eau était emprisonnée, dans le réchauffeur, entre le clapet de retenue qui se trouvait à l'entrée et le robinet du Roynette.

Nous avertîmes l'industriel du danger qu'il courait en marchant ainsi , et nous lui en fournîmes la preuve de la façon suivante :

Un manomètre étalon fut installé sur le piètement du réchauffeur.

Nous fîmes marcher la pompe alimentaire ; quand la chaudière fut pleine et que la soupape de décharge eut donné un instant, nous arrêtâmes la pompe.

La pression était alors de 5 kilogs.

Voici ce que nous avons constaté :

En 1 minute, la pression atteignit			11^k
2 —	—	—	12.5
3 —	—	—	13.5
4 —	—	—	14 5
5 —	—	—	15
6 —	—	—	16.5
7 —	—	—	17.5
8 —	—	—	17.8
9 —	—	—	18.25

En ce moment, le Roynette rouvrit l'alimentation et la pression tomba brusquement à 5 kilogs.

Il est, je crois inutile d'insister sur cette expérience ; les chiffres sont assez éloquents et prouvent surabondamment la nécessité d'éviter l'installation que nous venons de signaler.

Cette observation n'est pas particulière au flotteur Roynette, mais aussi à tous les appareils d'alimentation placés de la même façon.

En résumé, dans le cas où les réchauffeurs ne sont pas munis d'une soupape, il faut éviter d'une façon absolue d'installer sur la conduite allant des réchauffeurs à la chaudière, un robinet ou un appareil permettant, sous un prétexte quelconque, d'intercepter le passage de l'eau.

Cette recommandation que nous avons faite aux industriels depuis bien longtemps, puisque l'expérience que je vous ai signalée date de plus de dix ans, a été récemment l'objet d'une circulaire officielle du ministre, interdisant cette installation d'une façon très catégorique.

Dans les installations nouvelles, il est toujours facile de se conformer à ces instructions; mais dans quelques installations anciennes, le changement qu'occasionnerait dans la tuyauterie existante l'application de cette mesure fait que certains industriels préfèrent munir d'une soupape leurs réchauffeurs et laisser subsister leur ancien montage.

Dans ce cas, nous croyons indispensable de placer cette soupape directement sur le réchauffeur et de ne pas se contenter d'une soupape de décharge installée sur la conduite générale d'alimentation, et permettant à la pompe alimentaire d'être toujours en marche

Supposons, en effet, que les générateurs soient munis d'un appareil d'alimentation installé comme dans l'exemple précédent. Si la pompe marche sans jamais s'arrêter, il arrivera évidemment que l'appareil fermera automatiquement l'arrivée de l'eau ; le refoulement de la pompe fera alors monter la pression dans les réchauffeurs jusqu'au moment où la soupape de décharge se soulèvera.

Si donc cette dernière est réglée, comme cela se présente d'habitude, à 2 ou 3 kil. au dessus du timbre du réchauffeur, celui-ci subira cette pression contrairement à la loi.

S'il existe, sur la conduite, un robinet qu'on arrive à fermer imprudemment, le même fait se passera si la pompe continue à marcher ; dans les deux cas, si la pompe venait à être arrêtée, la pression atteindrait des valeurs considérables comme nous l'avons vu tout-à-l'heure.

D'ailleurs, l'existence de la soupape de décharge, placée sur la conduite générale d'alimentation, est encore inutile dans le cas suivant qui est tout récent.

Le 4 décembre 1887, un accident se produisit dans une usine de Roubaix, possédant deux générateurs ordinaires à trois réchauffeurs chacun.

La conduite générale d'alimentation porte bien une soupape de décharge, mais les réchauffeurs n'en possèdent pas.

Le samedi 3 décembre, pour le nettoyage du N° 1, le chauffeur eut l'idée, pour simplifier sa besogne, de ne vider que le générateur proprement dit, et dans ce but, il ferma le robinet de communication entre les réchauffeurs et la chaudière, et vida seulement les bouilleurs inférieurs et le corps cylindrique.

Le dimanche matin, lorsqu'il arriva devant son fourneau, il trouva par terre la calotte du dé en fonte du réchauffeur supérieur et la cave était remplie d'eau.

Voici ce qui s'était passé :

Le robinet de sortie de l'eau des réchauffeurs ayant été

fermé samedi soir, l'eau s'est trouvée emprisonnée dans les réchauffeurs entre ce robinet et le clapet de retenue placé à l'entrée des réchauffeurs. Pendant la nuit, bien que les feux fussent enlevés, les maçonneries en briques réfractaires qui avaient été portées au rouge pendant la journée. rayonnèrent sur les bouilleurs réchauffeurs et firent monter la pression d'une manière considérable, puisqu'elle suffit à décoller le dé en fonte d'une épaisseur de 55 millimètres.

Il est donc d'une nécessité absolue, tant au point de vue de la loi qu'au point de vue de la sécurité, ou de supprimer complètement toute interception de la communication entre les réchauffeurs et la chaudière. ou de munir les réchauffeurs d'une soupape, empêchant toute élévation de pression dans ces appareils.

Lille Imp. L. Danel.

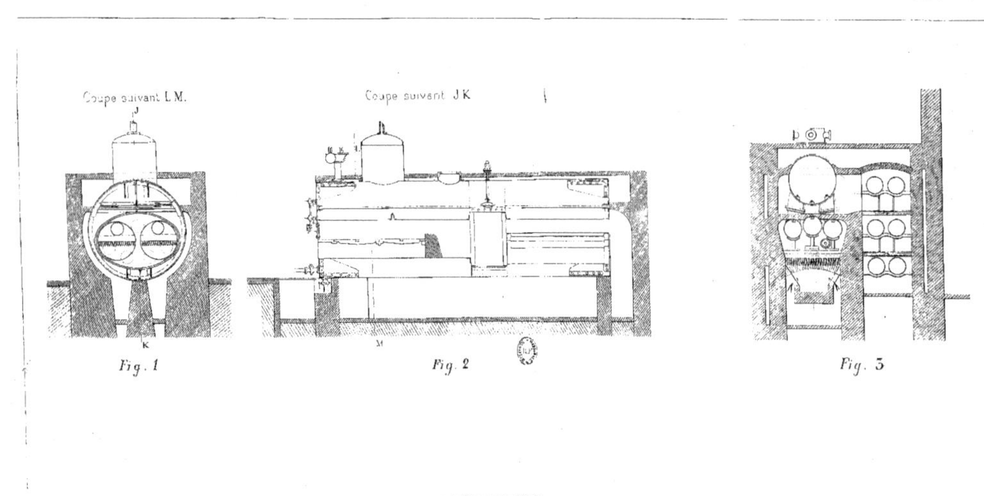

Coupe suivant L M.
Coupe suivant J K
Fig. 1
Fig. 2
Fig. 3

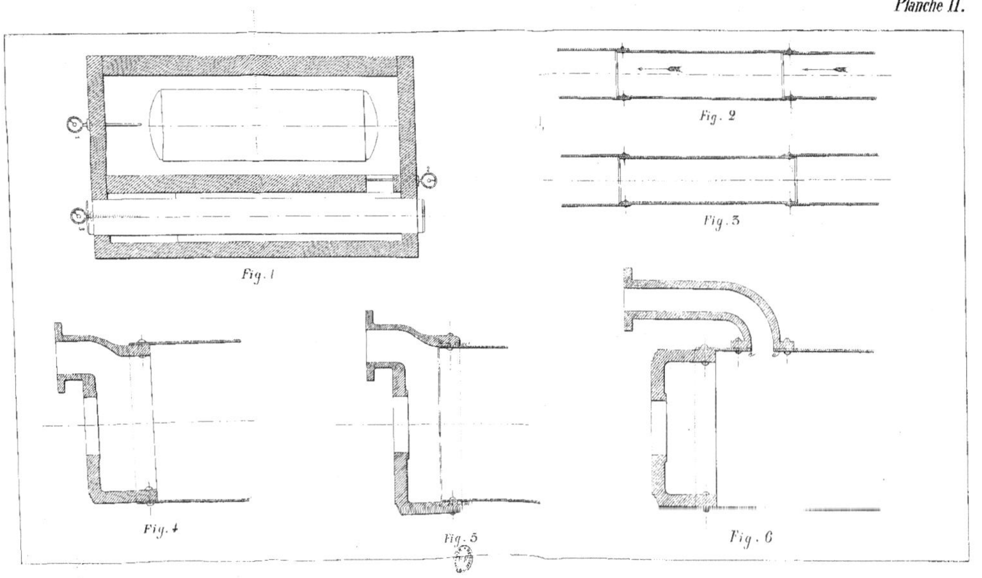

Fig. 1
Fig. 2
Fig. 3
Fig. 4
Fig. 5
Fig. 6

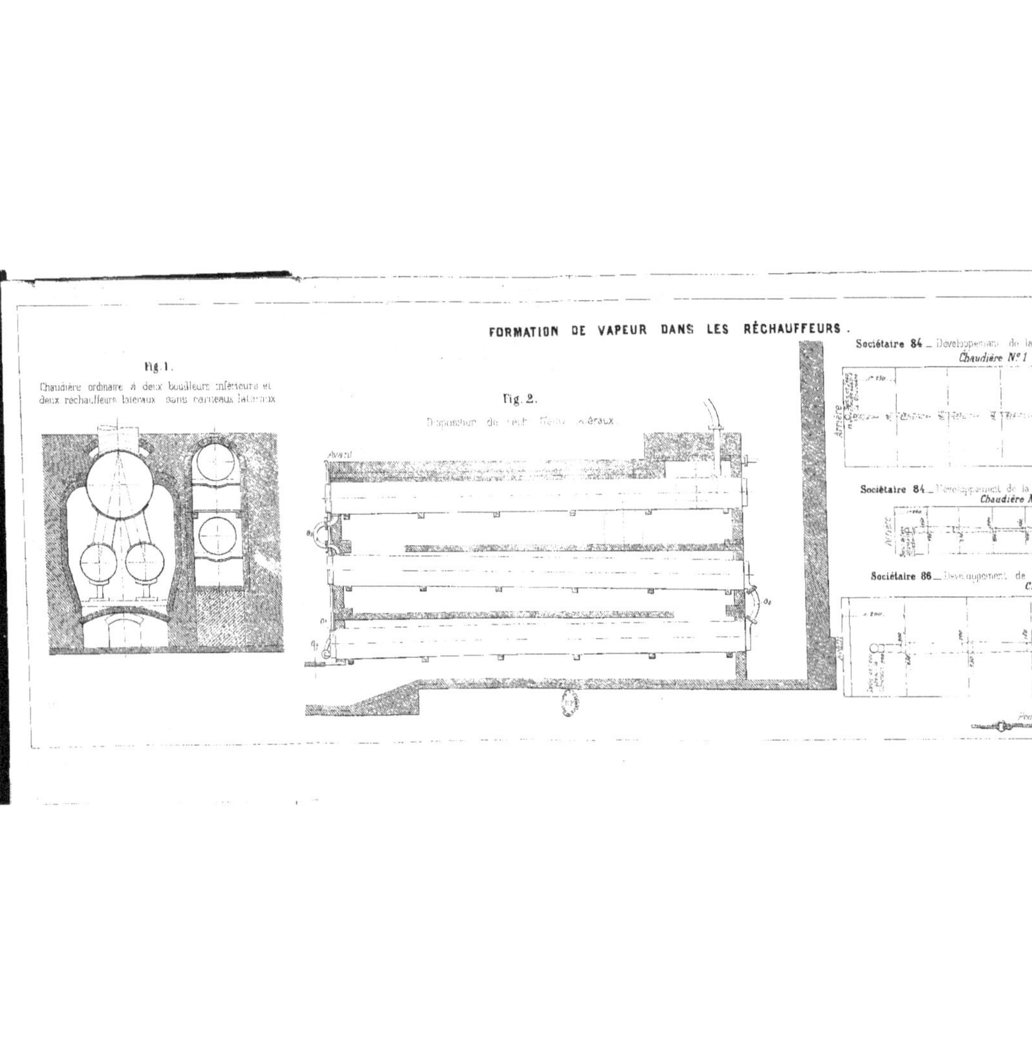
Fig. 1.
Chaudière ordinaire à deux bouilleurs inférieurs et
deux réchauffeurs latéraux sans carneaux latéraux
Fig. 2.
Disposition des réchauffeurs latéraux.
Avant
Sociétaire 84 _ Développement de la tôle
Chaudière N° 1
Arrière
Sociétaire 84 _ Développement de la tôle
Chaudière N° 4
Sociétaire 86 _ Développement de la tôle
Chaud

FORMATION DE VAPEUR DANS LES RÉCHAUFFEURS .

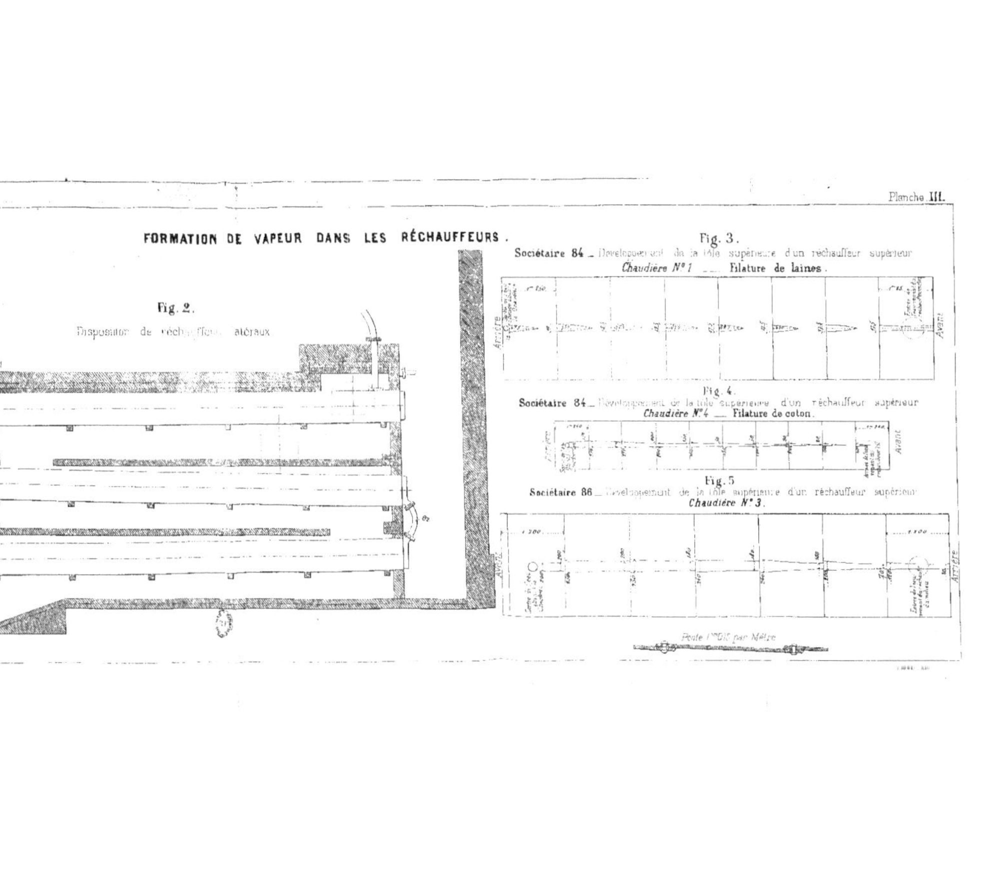

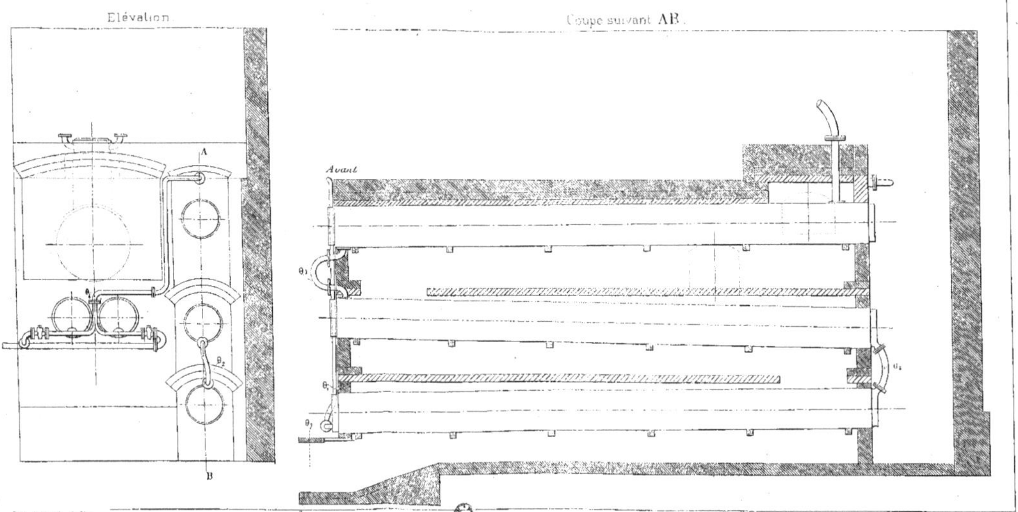

Elévation
Coupe suivant AB.
A
B
Avant

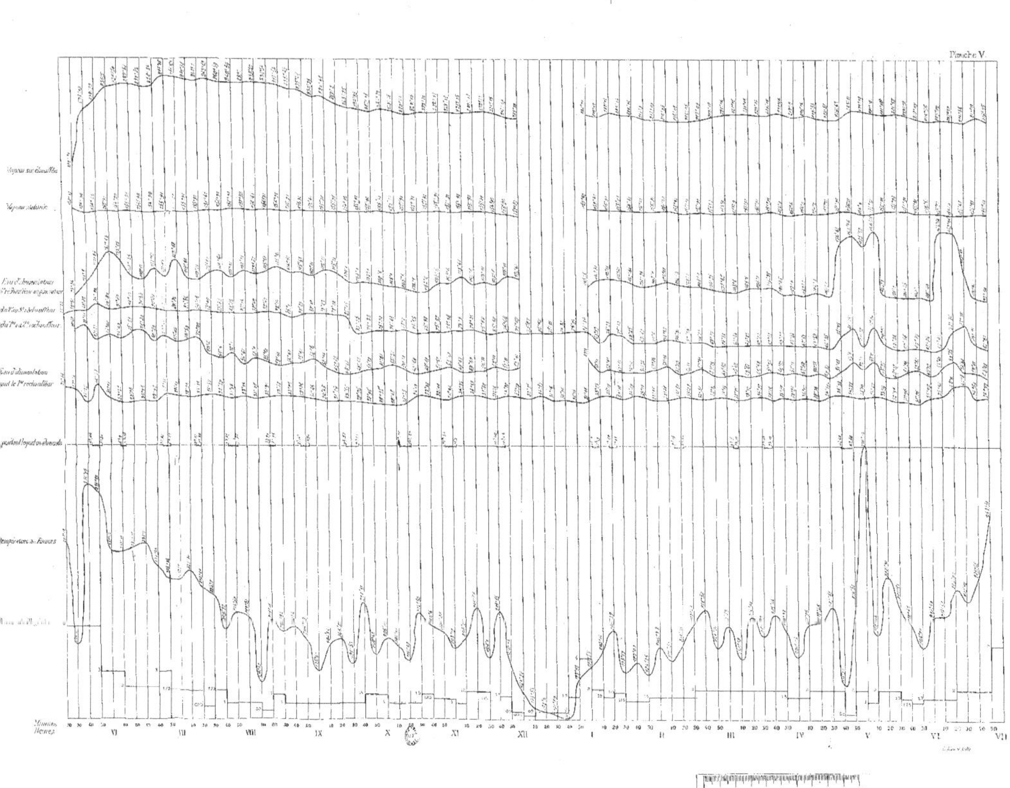

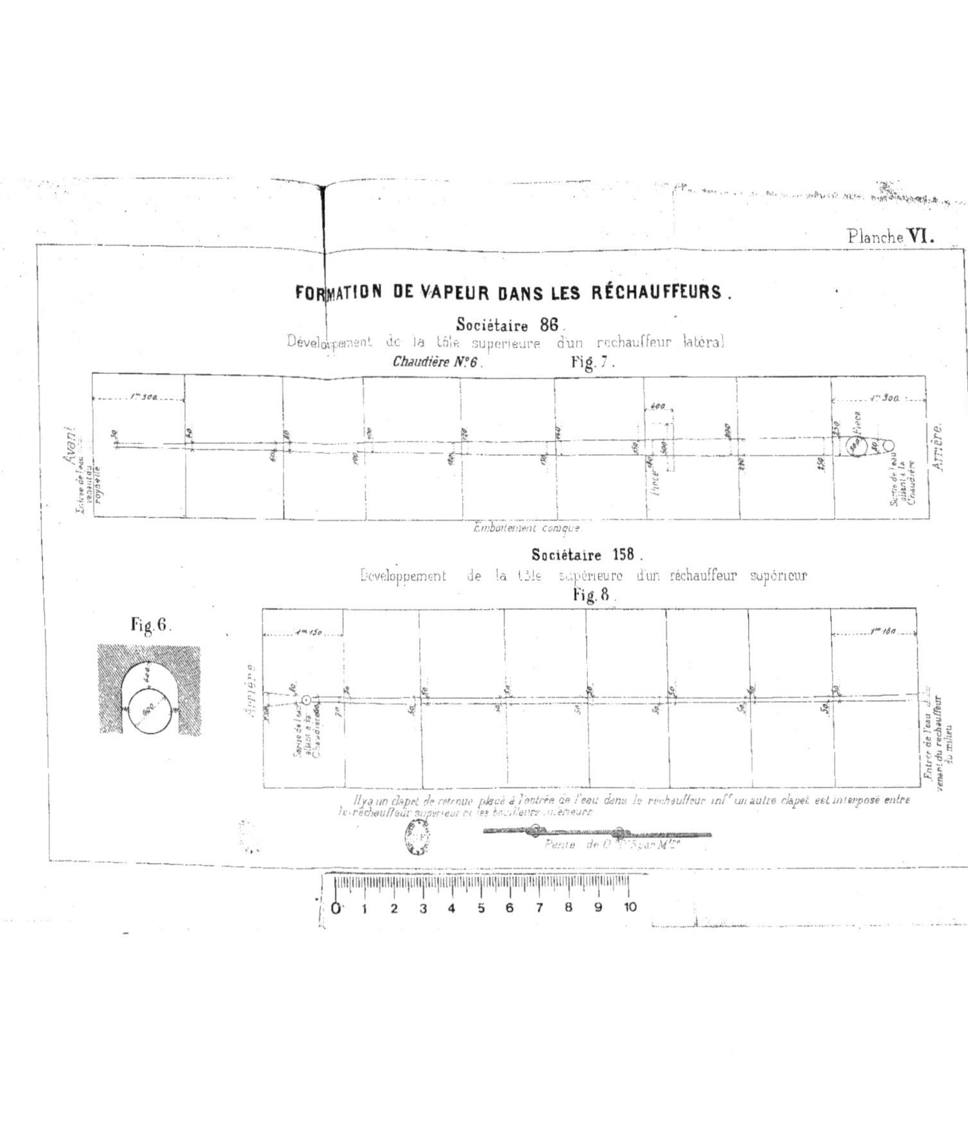

FORMATION DE VAPEUR DANS LES RÉCHAUFFEURS.
Sociétaire 86.
Développement de la tôle superieure d'un rechauffeur latéral
Chaudière N.°6.
Fig. 7.
Avant.
Arrière.
Entrée de l'eau venant de la Chaudière royale
Sortie de l'eau allant à la Chaudière
Emboitement conique
Sociétaire 158.
Développement de la tôle supérieure d'un réchauffeur supérieur
Fig. 8.
Avant.
Sortie de l'eau allant à la Chaudière
Entrée de l'eau venant du réchauffeur du milieu
Fig. 6.
Il y a un clapet de retenue placé à l'entrée de l'eau dans le réchauffeur inf.r un autre clapet est interposé entre
le réchauffeur supérieur et les bouilleurs inférieurs
Pente de 0.m.3 par M.tre
0 1 2 3 4 5 6 7 8 9 10